THE ELEMENTS OF USER EXPERIENCE

5段階モデルで考えるUXデザイン

Jesse James Garrett［著］

ソシオメディア株式会社［訳］　上野 学・篠原 稔和［監訳］

マイナビ

The Elements of User Experience:
User-Centered Design for the Web and Beyond,
Second Edition

Authorized translation from the English language edition, entitled The Elements of User Experience: User-Centered Design for the Web and Beyond, Second Edition, ISBN:9780321683687, by Garrett, Jesse, James, published by Pearson Education, Inc., Copyright © 2011 by Jesse James Garrett.

JAPANESE language edition published by Mynavi Publishing Corporation Copyright © 2022.

JAPANESE translation rights arranged with PEARSON EDUCATION, INC. through JAPAN UNI AGENCY, INC. Tokyo, Japan

●本書サポートページ
本書の補足情報、訂正情報などを掲載しています。
https://book.mynavi.jp/supportsite/detail/9784839975982.html

- 本書日本語版の制作にあたっては正確を期するようにつとめましたが、著者、翻訳者、監訳者、出版社のいずれも、本書の内容に関してなんらかの保証をするものではなく、内容に関するいかなる運用結果についてもいっさいの責任を負いません。あらかじめご了承ください。
- 本書中の解説や情報は、基本的に原著刊行時(2011年)の情報に基づいています。日本語版の制作にあたって適宜訳注を補っていますが、執筆以降に変更されている可能性がありますので、ご了承ください。
- 本書中に登場する会社名および商品名は、該当する各社の商標または登録商標です。
  本書では®マークおよびTMマークは省略させていただいております。

献辞

すべてを可能にしてくれた、
わが妻 Rebecca Blood Garrett に

CONTENTS
目次

CHAPTER 3

戦略段階 ……………………………………………………………………… 32

CHAPTER 4

要件段階 ……………………………………………………………………… 52

Photo by : Colin Peck

著者紹介

Jesse James Garrett は、サンフランシスコを本拠地としたユーザーエクスペリエンスコンサルタント会社「Adaptive Path」［訳注：2001 年 3 月に設立の米国企業で、2014 年に米国金融大手 Capital One（1994 年創業）によって買収される］の創始者のひとりである。1995 年より Jesse が携わったウェブプロジェクトには、AT&T、インテル、ボーイング、モトローラ、ヒューレット・パッカードやナショナル・パブリック・ラジオ（NPR）などがある。彼のユーザーエクスペリエンス分野への貢献のひとつに、情報アーキテクチャを記述するための視覚言語による表記法があり、このオープンな表記法は現在世界中の組織で使用されている。個人サイトである www.jjg.net［訳注：最近の著者の主サイトは、jessejamesgarrett.com となっている］は、情報アーキテクチャのリソースとして人気が高い。Jesse は情報アーキテクチャやユーザーエクスペリエンスについて、頻繁に講師も務めている。

第1版での謝辞

カバーの名前は 1 人だが、この数にだまされないでほしい。この本は多くの人のおかげでできたのだ。

まず、Adaptive Path のパートナー達である Lane Becker、Janice Fraser、Mike Kuniavsky、Peter Merholz、Jeffrey Veen、Indi Young に感謝する。このプロジェクトを引き受けることができたのも、彼らの寛大さのおかげである。

そして、New Riders のみなさん―特に Michael Nolan、Karen Whitehouse、Victoria Elzey、Deborah Hittel-Shoaf、John Rahm、Jake McFarland。彼らの手引きがこのプロセスには不可欠だった。

Kim Scott と Aren Howell は本書のデザインの細部まで目配り・気配りをしてくれた。著者からの提案に対する彼らの忍耐強さは、賞賛に値する。

Molly Wright Steenson と David Hoffer は、私の原稿のレビューで、非常に貴重な洞察をしてくれた。

Jess McMullin はさまざまな意味で、私のもっとも厳しい批評家であることが判明した。彼の影響のおかげで、この本を計り知れないほど向上させることができた。

また、いかにこのようなプロジェクトに取り組むか、正気を保つかについて私にアドバイスをくれた、より経験ある著者らにも感謝しなければならない。Jeffrey Veen（改めて）、Mike Kuniavsky（改めて）、Steve Krug、June Cohen、Nathan Shedroff、Louis Rosenfeld、Peter Morville、そして特に Steve Champeon に感謝する。

他にも、価値ある提案をしてくれたり、精神的にサポートしてくれた Lisa Chan、George Olsen、Christina Wodtke、Jessamyn West、Samantha Bailey、Eric Scheid、Michael Angeles、Javier Velasco、Antonio Volpon、Vuk Cosic、Thierry Goulet、Dennis Woudt。彼らは私が思いつかないようなことを考えついた、最高の同僚達だ。

執筆中にお世話になった音楽は、Man or Astro-man?、Pell Mell、Mermen、Dirty Three、Trans Am、Tortoise、Turing Machine、Don Caballero、Mogwai、Ui、Shadowy Men on a Shadowy Planet、Do Make Say Think、そして特に、Godspeed You Black Emperor だ。

最後に、この 3 人がいなければ、この本はできなかっただろう。テキサスで「会わなければいけない人がいる」と主張した Dinah Sanders。妻である Rebecca Blood - 彼女はさまざまな意味で私を強く、賢くしてくれる。そして Daniel Grassam - 彼の友情、励まし、サポートがなければ、私はこのビジネスへと進む道を見つけられなかったことだろう。ありがとう。

2002 年 10 月

Jesse James Garrett

第2版での謝辞

Michael Nolan は何年もかけて私に第 2 版を作るよう勧めてくれた。粘り強く、また工夫をこらして断れないようオファーしてくれたからこそ、この本を出すことができた。

New Riders では、Rose Weisburd、Tracey Croom、Kim Scott のチームが私を支えてくれた。また、Nancy Davis、Charlene Will、Hilal Sala、Mimi Vitetta も進行を助けてくれた。Samantha Bailey と Karl Fast のサポートにも感謝している。

妻である Rebecca Blood Garrett は、私にとって最初で最後の、最も信頼できる編集者であり、アドバイザーであり、親友でいてくれる。

今回の執筆中、新たにお世話になった音楽は、Japancakes、Mono、Maserati、Tarentel、Sleeping People、Codes in the Clouds、(特に) Explosions in the Sky。そして音楽についてガイドしてくれた Maserati の Steve Scarborough に感謝している。

2010 年 11 月

Jesse James Garrett

INTRODUCTION
まえがき

第1版まえがき

これはハウツー本ではない。どうやってウェブサイトを作るかを説明した本は山のようにあるが、これはそうした本とは違う。

この本は、技術についての本ではない。1行のコードも書かれてはいない。

この本には答えは書いていない。この本は、正しい問いを投げかけるための本である。

この本は、「他の本を読み進める前に、何を知っておく必要があるか」をあなたに伝えることを目的としている。全体像を知る必要があったり、ユーザーエクスペリエンス実践者が下す決断のためのコンテクストを理解する必要があったりするのなら、これはあなたのための本である。

この本はほんの数時間で読めるように作られている。ユーザーエクスペリエンスは初めてという人なら—ユーザーエクスペリエンスチームを雇用する責任者だったり、この分野に進むライターやデザイナーだったりするかもしれないが—この本で必要な基礎を身につけることができるだろう。すでにユーザーエクスペリエンス分野のメソッドや懸案事項に慣れ親しんでいる人ならば、この本は、あなたが一緒に作業する人々とより効率的なコミュニケーションをとる手助けとなるだろう。

● 本書の裏話

よく聞かれることなので、どのようにして『**The Elements of User Experience**』ができたか、ここに書いておく。

1999年末、私は長い歴史を持つウェブデザインコンサルタント会社に、初の情報アーキテクトとして雇われた。いろいろな意味で、私は自分のポジ

ションを定義する責任があったし、私がしたことや、それが他の人々のした
ことにどうフィットするかについて、人々を教育する責任もあった。最初、
彼らは用心深くて、ちょっと警戒もしていたようだった。しかし、じきに私
の存在は彼らの仕事を複雑にするのではなく、より簡単にするためであり、
私がいるからといって彼らの権限が弱まるわけではないということを理解し
てくれた。

　同時に、私は仕事に関係するオンラインマテリアルの個人的なコレクショ
ンをまとめていた（これが最終的には、www.jjg.net/ia/ における私の情報
アーキテクチャリソースページとなる）。このリサーチを行っているとき、
分野の基本的な概念に対して異なる用語が気まぐれにランダムに使われてい
ることにフラストレーションを感じ続けていた。あるところでは「情報デザ
イン」と呼ばれるものが、別のところでは「情報アーキテクチャ」と呼ばれ
ているものと同じだったりする。また他のところでは、すべてをまとめて「イ
ンターフェースデザイン」にしてしまったりしていた。

　1999 年末から 2000 年 1 月にかけて、私はこれらの問題に対して自分なり
の一貫した定義づけをどうにか作り出し、問題同士の関係を表現する方法を
見つけ出した。だが私はお金を支払ってもらえる実際の仕事で忙しかったし、
形成しようとしていたモデルも結局きちんとした答えは出ていなかった。そ
れで 1 月末には、アイデアそのものをあきらめてしまっていた。

　その年の 3 月、私はテキサスのオースティンに旅行に行った。そこで年に
一度の South by Southwest Interactive Festival があったからだ。これは魅
力的で刺激に富む一週間で、この間、私はほとんど睡眠をとらなかった―カ
ンファレンスでの昼夜の活動スケジュールは、2、3 日後にはマラソンのよ
うに長時間続く状態になっていたのだ。

　その週の終わりに、オースティンの空港ターミナルを抜けてサンフランシ
スコへ戻る飛行機に向かおうとしていたとき、突然頭に浮かんだものがあっ
た。私のアイデアすべてを包括する、3 次元のマトリクスだ。私は飛行機に
搭乗するまで辛抱強く待ち、席に着くやいなや、ノートを取り出してすべて

を書き留めた。

　サンフランシスコに戻ると、ぐったりするような鼻かぜになり、私は今にも寝込んでしまいそうな状態だった。熱のために朦朧としたり、正気に戻ったりを繰り返しながら約1週間をすごす。特に頭がすっきりしていたときに、私はノートのスケッチをダイアグラムとして仕上げた。このダイアグラムはレターサイズの紙にぴったり収まるもので、私はそれを「The Elements of User Experience（ユーザーエクスペリエンスの要素）」と呼んだ。

　のちに、私は「『The Elements of User Experience』は、多くの人に『Strunk & White』［訳注：『The Elements of Style』といった米国英語のライティングスタイルガイドに関する書籍］や『Periodic table』［訳注：周期表のこと］を喚起させる」とよく耳にした。残念だが、私はそれとまったく関係なくこのタイトルを選んだのである―「component（構成要素）」という場違いで技術的な響きの言葉の代わりに、シソーラスの中から「elements（要素）」という言葉を選んだのだった。

　3月30日、私は完成品をウェブに掲載した（これはまだそのまま残っている。オリジナルのダイアグラムは www.jjg.net/ia/elements.pdf でご覧いただける）。このダイアグラムは注目を集め始めた。最初に注目してくれたのは、のちに Adaptive Path でのパートナーとなる Peter Merholz と Jeffrey Veen だった。その後まもなく、第1回の情報アーキテクチャサミットで、より多くの人々とこれについて話す。ついには世界中の人々から、「ダイアグラムをこのように使って、一緒に働く人々を教育している」とか「ダイアグラムを使って、これらの問題を論議する上での共通用語を組織に与えている」ということを聞き始めるようになった。

　最初にリリースした年に、「The Elements of User Experience」は私のサイトから2万回以上ダウンロードされた。それが大規模な組織や小規模なウェブ開発グループでいかに使われているか、いかに作業とコミュニケーションをより効率的にする手助けとなっているかを耳にするようになった。この頃までには、私は本にまとめるためのアイデアを形成し始めていた。一枚の紙切れよりも、さらにそのニーズに応えることのできるアイデアだ。

また3月がやってきて、私は再びSouth by Southwestのためにオースティンにいた。そこでNew Riders PublishingのMichael Nolanと出会い、彼に自分のアイデアを伝えたのだ。Michaelはその考えに乗り気になってくれたし、幸い、彼の上司も乗り気になってくれた。

かくして、熱意と幸運によってこの本はあなたの手に渡ったのである。ここで示されているアイデアを使って行うことが、あなたにとって有意義で実りあるものになるよう願っている。この本にまとめたことが、私にとってそうであるように。

2002年10月

Jesse James Garrett

第2版まえがき

本題に入る。第2版だ。何が違うのか？

第1版との主な違いは、**ウェブサイトのみを扱う本ではなくなったこと**。たしかにほとんどの例はウェブに関するものだが、全体としては、テーマ、コンセプト、原則はあらゆる製品やサービスに適用される。

これには理由がふたつあって、いずれもこの10年の間に起こったことに関係している。ひとつは「**5段階モデル**」に起こったこと、そしてもうひとつはユーザーエクスペリエンスそのものに起こったこと。

何年もの間、**5段階モデル**をウェブとは関係ない製品に適用した人たちから（あるいは人たちについて）話を聞いてきた。あるケースでは、ウェブデザイナーがモバイルアプリのような新しい仕事を依頼されていた。他の製品のデザイナーが5段階モデルに出会って自分の仕事へのつながりを感じたケースもあった。

一方で、ユーザーエクスペリエンスの分野は適用範囲が広がった。第1

版を執筆した当時、実践している人々の話題の中心はウェブや画面ベースのインタラクティブアプリケーションだったが、今ではそうした限定されたコンテクストをはるかに超えた分野でユーザーエクスペリエンス・デザインの影響や価値が日常的に語られるようになっている。

　この第2版では同様に広い視野に立っている。本書では引き続きウェブを中心に扱っているが、それはこのモデルがウェブというメディアに根ざしていることを認めるためだ。しかし、本書はウェブ開発のノウハウを知らなくても、ウェブサイトを作らない人でも、本書のアイデアを自分の仕事に応用できるようになっている。

　とはいえ、第1版を読んだ方々には安心してもらいたい。根本的に書き換えた、というわけではないので。すでにご存知の（そして、願わくば気に入ってもらっている）モデルに磨きをかけ洗練させたものであり、核となるアイデアや考え方はそのままだ。細かいところは変わっているが、大きなところは変わっていない。

　5段階モデルがこのように人々に用いられるようになり、感謝と謙虚の念に堪えない。次に何が起こるのか、楽しみでならない！

2010年11月

Jesse James Garrett

FOREWORD
監訳者まえがき

　2005年に『ウェブ戦略としての「ユーザーエクスペリエンス」—5つの段階で考えるユーザー中心デザイン』（毎日コミュニケーションズ、現在のマイナビ出版）が出版されてから17年が経つ。この間のデザイン業界の変化は大きい。デジタルプロダクトを取り巻く技術的、社会的な変化は、デザインの対象を広げ、デザインの役割を多様化した。同時に、デザインの手法は複雑化し、デザインのツールは高度化した。そのような中でも「UXの5段階モデル」は変わらず支持され、繰り返し参照されてきた。今でも多くのデザイナーやデザイン研究者が5段階モデルをデファクトスタンダードとして扱い、何か新しい理論を展開する際の出発点にしている。UXに関するさまざまな言説が現れては消えする中で、その人気の継続は不思議なほどだ。しかし出典となる書籍が長らく一般には手に入りにくい状況だった。オンラインでは古本がかなり高額で取引されていた。若い世代のデザイナーたちや、若い世代にUXデザインの基本を説明しようとする熟練デザイナーたちからは、長く再版を求める声が上がっていた。そこでついに本書『The Elements of User Experience—5段階モデルで考えるUXデザイン』が出版されることとなった。

　本書は2011年に出版された『**The Elements of User Experience - Second Edition**』の邦訳で、『ウェブ戦略としての「ユーザーエクスペリエンス」』の改訂版になる。著者による「第2版まえがき」にあるとおり、第1版から対象をウェブ以外にも広げ、5段階モデルの内容にも変更が加えられた（表層段階における「ビジュアルデザイン」が「感覚デザイン」と言い直された）。原著第2版の出版からもすでに11年が経っているため、位置付けとして本書は名著の「復刻版」といえるだろう。テクノロジーの進歩は速

く、また現代社会はそのようなテクノロジーの進歩に駆動されて大きく変容しているため、本書を読む上ではその時間的なギャップを考慮する必要がある。しかし本書で提示される5段階モデルが長く参照されているのは、そこにモデルとしての普遍的な魅力があるからだろう。今回の復刻によってその魅力、要するに「わかりやすさ」を分析的に反省する機会が得られる。これは初学者にとって「UX とはどういうものか」をわかりやすく教える本であり、熟練者にとっては「UX のわかりやすい説明とはどういうものか」を教える本なのである。

　タイトル「The Elements of User Experience」が示すとおり、この本は「UXの要素」を解説するという体になっている。そこで有名な「戦略」「要件」「構造」「骨格」「表層」という5つの段階が登場する。同時に各段階は「機能性としての製品」「情報としての製品」というふたつの側面から分節され、「ユーザーニーズ」「製品目標」「機能仕様」「コンテンツ要求」「インタラクションデザイン」「情報アーキテクチャ」「インターフェースデザイン」「ナビゲーションデザイン」「情報デザイン」「感覚デザイン」といった用語が整然とマッピングされる。これらの用語はシステム開発やウェブサイト制作の現場でお馴染みのものだが、抽象段階＝意思決定段階とプロダクトの性向を軸にして象限化することで、ともすれば雰囲気だけで扱われてしまいそうな概念が視覚的に整理される。それぞれの用語の守備範囲は広いので当然排他的にはならないが、分類軸の立て方には妥当性があるので（どのような象限もその評価軸は恣意的であるから）、現場感覚として納得しやすい。さまざまな分類上の対立構造がそのまま並列化され、プラグマティックによく収まっているのだ。

　ここでいう対立構造とは、次のような二元論だ。すなわち「ユーザー要求／ビジネス要求」「全体からのトップダウン／部分からのボトムアップ」「動的なインタラクション構造／静的なツリー構造」「容れ物としての表現／内容物としての表現」などである。1990年代にウェブが普及しはじめてから、デジタルプロダクトのデザイナーたちは常にこれらの狭間に身を置き、拠り

所とすべきターゲットの二重性に悩まされてきた。5段階モデルの図はその悩みをそのまま視覚化し、我々を自覚的にしたのである。そのような自覚は問題の解消にはならないが、ささやかな安心をもたらす。ユーザーエクスペリエンスという大義に正当に関与しているという了解を与えてくれる。しかし同時に、デザインという意義深い営みに対する視野を狭めてしまう恐れもある。たとえばデザイン活動の基盤には常に戦略的な目標があるはずだという考えはデザインをビジネス上のファンクションとして捉えすぎであるし、字義的にも UX という言葉にデザインの仕方といった観点は含まれていない。にもかかわらずデザイナーたちが盲目的に5段階モデルを取り上げているのを見ると、どこか権威主義的で、本来バイアスを積極的に破壊すべき場面でタブロイド思考に陥ってしまっているようにも懸念される。

　言うまでもないが、UX という言葉はますます多義的に用いられており、そのためにその実質的な定義も拡張されている。ここでは UX の定義について言及しないが、5段階モデルを構成する要素の集合が UX というコンセプトを十分に表していないのは明らかだろう。たとえば本書では（著者も繰り返し書いているとおり）主に情報メディアとしてのウェブサイト構築をテーマとしており、その語り口は2000年代のウェブ制作会社のものとなっている。昨今デジタルプロダクトがデザインされる文脈は多岐にわたっており、現代のデザインの現場における語彙や課題意識のベクトルに対して本書のトーンは「古き良き時代」的すぎるかもしれない。そもそも5段階モデルが視覚的に「わかりやすい」のは、それが抽象から具象への線形的なウォーターフォールプロセスを反映しており、同時に、情報メディアとしてのウェブサイトが持つ階層構造のアナロジーになっているからだろう。また、さらに本質的に言えば、たとえ UX の定義がさまざまだとしても、経験である以上それは常にユーザー個人においてただ内観的に気分づけられるものであり、事業者の戦略記述書、ノードの組織化原則、画面上のラジオボタンといった要素の総和として生じるのではない。経験は要素に還元されない。つまり本書はタイトルそのものに誤謬がある。5段階モデルで表されているのは、ユー

ザーの経験についてではなく、あくまでデザインする者がデザインする際に
考慮すべき事項にすぎない。

　ただし以上のような指摘は、実は著者も十分わかっている。それは本書に
収録した著者のエッセイを読んでいただければわかるだろう。その意味でも
この「復刻版」は、UX という（今やバズワードを通り越してさまざまに援
用される名前空間のようになっている）テーマについて、それをデザイン領
域における現象としてメタ的に再評価するよいきっかけになる。デジタルプ
ロダクトに期待されはじめたデザイナーのコミットメントが、20 年前にど
のように「わかりやすく」言語化され、それがその後どのように利用されて
いったのか。デジタルプロダクトのデザインに携わる方々には、デザインディ
スコースの歴史的な解釈のために、もう一度新しい気分で本書に立ち戻って
みてもらいたい。

2022 年 4 月
ソシオメディア株式会社
上野 学

USER EXPERIENCE
AND WHY IT MATTERS

CHAPTER 1
ユーザーエクスペリエンスが重要なわけ

私たちは自分が使っている製品やサービスと両極端な関係にある。製品やサービスを使っていると、力になってくれることもあれば、嫌な想いをさせられることもある。生活をシンプルにしてくれることもあれば、複雑にしたりもする。人と人を引き裂いたり、逆に近づけたりもする。毎日数えきれないほどの製品やサービスに接しているにもかかわらず、忘れがちなことがある。それらを作っているのは人であり、うまく機能したときには誰かがどこかで評価されるべきで、逆の場合には責めを負うべきであることを。

日常の不幸

　誰でも、たまにはこんな日がある。

　そう、こんな一日。目が覚めると、窓から日の光が差し込んでいて、なぜ目覚まし時計が鳴らなかったのか不思議に思う。目覚まし時計を見ると、午前3時43分を指している。ベッドから這い出して他の時計を探す。その時計を見ると、まだ仕事にはどうにか間に合うことがわかる。10分以内に家を出れば、の話だが。

　コーヒーメーカーの電源を入れ、慌てて身支度をする。カフェイン摂取で命をつなぎとめようとしたら、ポットにコーヒーが入っていない。理由を考えている暇はない。仕事に行かないと！

　家から1ブロック行ったところで、車のガソリンが残り少ないことに気づく。ガソリンスタンドでクレジットカードが使える給油機を使おうとしたが、今日はカードが使えなかった。レジで支払おうと店内に向かうが、そこでは列に並ばなければならない。そしてレジの客対応はあまりにも遅い。

　交通事故のせいで回り道をしなければならず、職場まで予想以上に時間がかかってしまった。最善の努力をしたが、結果は会社に遅刻する始末。そして、ようやく自分の席にたどりついた。動揺し、慌て、疲れ、イライラしているけれど、まだ一日は始まってもいない。それに、コーヒーもまだだ。

ユーザーエクスペリエンスを導入する

　不運が続いてしまったような、そんな一日。でも、一連の出来事を巻き戻してよく見てみると、この不運をどうにか避けることができたように思う。

● 交通事故：

　路上での交通事故は、ドライバーがラジオの音量を下げようとして、一瞬道路から目を離したために起こった。ツマミを触っただけではどちらが音量調整かわからなかったので、ラジオに目を向けざるを得なかった。

● レジ：

　ガソリンスタンドのレジの列の進みが遅かったのは、レジが複雑で紛らわしいせい。ちょっとでも気を抜くと打ち間違えてしまい、最初からやり直しになってしまう。もしレジがもっとシンプルで、ボタンのレイアウトや配色が違っていれば、行列はできなかっただろう。

● 給油機：

　カードが使えれば、列に並ぶ必要はなかった。カードを逆向きにすればよかったのだが、給油機にカードの向きは示されていない。それに急いでいたから、向きを変えて試すことなんて思いつきもしなかった。

● コーヒーメーカー：

　コーヒーができなかったのは、電源ボタンを最後まで押せていなかったせい。そのコーヒーメーカーには、電源がオンになったことを示すものが何もない。ランプも、音も、ボタンを最後まで押したときに感じる抵抗の感触もない。電源を入れたと思っていたが、それは間違いだった。朝一番にコーヒーが自動でできるように設定しておけばこの問題は避けられたが、その機能の使い方は知らなかった（機能があることを知っていたとしても）。正面のディスプレイではまだ 12：00 が点滅している。

●目覚まし時計：

　それから、一連の出来事の発端となった目覚まし時計。時間が間違っていたから、目覚ましが鳴らなかったのではない。真夜中に猫が時計に乗ってリセットしたために時間が狂ってしまったのだ。（「あり得ない」と思うかもしれないが、笑わないでほしい。実際、私の身に起こったことなのだから。猫に邪魔されない時計を探すのに、どれほど時間がかかったことか。）ボタンの配置が少し違えば、猫が時計をリセットすることもなく、結果的に時間に余裕を持ってベッドを出ることができ、急ぐ必要もなかっただろう。

　要するに、これらの「不運」は、製品やサービスをデザインする際に、誰かが別の選択をしていれば回避できた。こうした例はすべて、製品が現実の世界で使用する人々にもたらす体験、つまり**ユーザーエクスペリエンス**への配慮が欠けていることを示している。製品が開発されるとき、人々はその製品が何をするものなのかに大きな関心を寄せる。ユーザーエクスペリエンスは見落とされがちなもうひとつの側面、「どのように機能するか」であり、製品の成功と失敗を分けることが多い。

　ユーザーエクスペリエンスは、製品やサービスの内部動作に関するものではない。ユーザーエクスペリエンスは、人が接触する製品やサービスの外側でどのように機能するかである。製品やサービスを使ってみてどうだった？と訊かれたら、それはユーザーエクスペリエンスのことを訊いている。簡単なことをするのは難しい？　理解するのは簡単？　製品を操作したときの感触は？　など。

　目覚まし時計やコーヒーメーカー、レジといったテクノロジー製品だと、多くのボタンを押すというインタラクションが必要になる。ときには、車の給油口キャップなど、単に物理的な仕組みの場合もある。しかし、本、ケチャップ容器、リクライニングチェア、カーディガンなど、誰かに使われる製品なら、必ずユーザーエクスペリエンスが存在する。

　どんな種類の製品やサービスでも、重要なのはほんの些細なこと。ボタンを押したらカチッと音がする。大したことではないように思える。でも、そ

れがコーヒーを飲めるか飲めないかの違いを生むのだから、とても重要だ。ボタンのデザインに問題の原因があると気づかないかもしれないが、コーヒーメーカーでめったにちゃんとコーヒーができなかったら、どう思うだろう？　今後もそのメーカーの製品を買うだろうか？　多分買わないだろう。このように、カチッと音がするボタンが必要なばかりに、顧客をひとり失うことになる。

製品デザインからユーザーエクスペリエンス・デザインまで

　製品デザインについて考えるとき、多くの人は（考えるとしても）美的アピールの観点から考えることが多い。優れたデザインの製品は見た目も手触りもよい。（嗅覚や味覚が含まれている製品はほとんどない。音は見落とされがちだが、製品の美的アピールの重要な要素になる。）スポーツカーのボディの曲線や電動ドリルのグリップの感触など、製品デザインの美的側面はたしかに注目を集める。

　製品デザインに関する別の考え方に機能性がある。よくデザインされた製品は、約束された機能を果たす。そして、よくデザインされていない製品は約束された機能を果たさない。たとえば、切れ味はいいのに切れないハサミ、インクがたっぷり入っているのに書けないペン、しょっちゅう紙詰まりを起こすプリンターなど。

　これらはすべて、たしかにデザインの失敗と言える。これらの製品は見た目も機能性も優れているかもしれないが、ユーザーエクスペリエンスを明確な成果として製品をデザインすることは、機能性や審美性を超えて考えることだ。

　製品を作る担当者の中には、デザインのことがまったく頭にない人たちもいる。そういう人たちにとって、製品を作るプロセスは開発であり、フィーチャー［訳注：「フィーチャー」はソフトウェアの機能と提供するコンテンツの両方を指す］や機能を着実に積み重ね、市場で通用するものに仕上げていくことである。

5

この考え方だと機能性によって製品のデザインが決まり、デザイナーはこれを「形は機能に従う」と言うことがある。この考え方は、製品の内部機構、つまりユーザーから見えない部分については完全に当てはまる。しかし、ボタン、ディスプレイ、ラベルなど、ユーザーが目にする部分の「正しい」形は機能によって決まるものではない。ユーザーの心理や挙動によって決まる。

　ユーザーエクスペリエンス・デザインではコンテクストの問題を扱うことが多い。美的デザインでは、コーヒーメーカーのボタンが魅力的な形と質感になるようにする。機能的デザインでは、ボタンがデバイスの適切なアクションを起こすようにする。ユーザーエクスペリエンス・デザインでは「こういう重要な機能のボタンにしては小さすぎるのでは？」などと問いかけ、ボタンの美的、機能的側面が製品の他の部分とのコンテクストでうまく機能するようにする。また、ユーザーエクスペリエンス・デザインでは「ユーザーが一緒に使う他のコントロールの位置を考慮して、このボタンはこの位置でよいか？」などと問いかけ、ユーザーが達成しようとすることのコンテクストでボタンがうまく機能するようにする。

エクスペリエンスを（エクスペリエンスのために）デザインする：使い方が重要

　製品をデザインすることと、ユーザーエクスペリエンスをデザインすることは何が違うのか？　人が使うことを前提とするすべての製品にはユーザーがいて、製品が使われるたびにエクスペリエンスをもたらす。椅子やテーブルといったシンプルな製品について考えてみよう。椅子を使うには椅子に座る。テーブルを使うにはテーブルの上に物を置く。たとえば、椅子が座る人の体重を支えられない、テーブルが不安定、など満足できるエクスペリエンスをもたらさないことがある。
　しかし、椅子やテーブルのメーカーは、ユーザーエクスペリエンス・デザイナーを雇わない傾向がある。こういったシンプルな製品では、必要なユーザーエクスペリエンスをもたらす要求が製品そのものの定義に含まれてい

る。座れない椅子は椅子ではない。

　ただ、より複雑な製品になると、成功するユーザーエクスペリエンスをもたらす要求と、製品の定義は無関係だ。電話は、かけたり、受けたりできることがその定義だが、この基本的な定義を満たす電話のバリエーションは無限にあるといってよく、求められるユーザーエクスペリエンスの度合いも大きく異なる。

　そして、製品が複雑になればなるほど、成功するユーザーエクスペリエンスの実現方法を見極めるのは難しくなる。製品を使うプロセスにフィーチャー、機能、手順を追加するたびに、ユーザーエクスペリエンスが不十分になる可能性がある。今の携帯電話を、たとえば1950年代の固定電話とくらべると、はるかに多くの機能があり、成功する製品を作るプロセスも大きく違っているはずだ。そこで、製品のデザインにはユーザーエクスペリエンス・デザインのサポートが必要になる。

ユーザーエクスペリエンスとウェブ

　ユーザーエクスペリエンスはあらゆる製品やサービスに欠かせないが、本書は主にある特定の製品、ウェブサイトのユーザーエクスペリエンスを念頭に書かれている（ここではコンテンツを主とするウェブと、インタラクティブなウェブアプリケーションの両方を指して「サイト」という言葉を使っている）。ウェブでは他の製品よりもユーザーエクスペリエンスが重要になる。しかし、ウェブのユーザーエクスペリエンスを作ることで学んだことは、大きく境界を超えて応用できる。

　ウェブサイトは複雑なテクノロジーの集まりであり、その集まりを使いこなせないと、おかしなことになる。自分を責めてしまうのだ。何か間違ったことをした、注意不足だった、バカだったと思ってしまう。ウェブサイトが予想どおりに動かないのは使っていた人のせいではないので、たしかに不合理ではある。それでも人は自分のことをバカだと思ってしまう。ウェブサイ

7

ト（あるいは他の製品）から人を遠ざけたいなら、使うことで自分がバカだと思わせる以上に効率的な方法は思いつかない。

ウェブサイトは、サイトの種類にかかわらず、ほとんどんな場合でもセルフサービスである。あらかじめ読んでおく取扱説明書もないし、トレーニングセミナーもない。サイトでユーザーを案内してくれるカスタマーサービスの担当者もいない。ユーザーは、知恵と経験だけを頼りにひとりでサイトに立ち向かうしかない。

ユーザーが自力でサイトを理解しなければならない立場になってしまったのは十分にひどいが、大部分のサイトはユーザーが無力な状態にあることすら認めないので、さらに状況を悪化させている。ウェブサイトの成功には、戦略的なユーザーエクスペリエンスの提供が極めて重要である。その重要性にもかかわらず、人々が何を求め、何を必要としているかを理解するというシンプルな問題の優先順位は、ウェブメディアの歴史では長らく低かった。

幅広い選択肢に直面したユーザーは、「サイトのどの機能が自分のニーズを満たしてくれるのか」を自分で工夫して見極めなければならない。

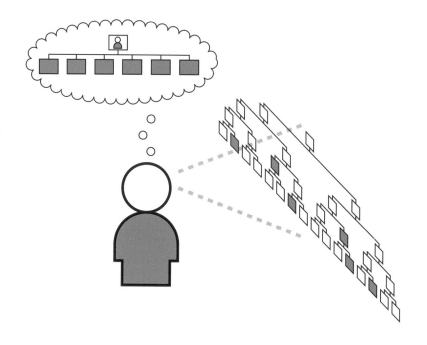

　ユーザーエクスペリエンスがウェブサイトに欠かせないものであるにもかかわらず、なぜ開発プロセスでは軽視されがちなのか？　多くのウェブサイトが作られたのは、いち早く市場に参入することが成功の鍵だと考えられたからだ。ウェブの黎明期には、Yahoo! など初期に作られたサイトがリードを築き、後発の競合相手はなかなか勝てなかった。既存企業は時代に乗り遅れたと思われないよう、先を競ってウェブサイトを立ち上げた。しかし、ほとんどの場合、企業はサイトを展開しさえすれば、大きな成果を上げたと考えた。サイトが実際に人の役に立ったかどうかは、せいぜい後の思いつきにすぎなかった。

　競合他社はこうした先発企業に対抗して市場シェアを拡大するため、コンテンツや機能を次々と加え、新規顧客の獲得を目指す（ついでに、競合他社の顧客を少しでも奪おうとしたのかも）。この機能の詰め込み競争はウェブに限ったことではない。腕時計から携帯電話まで、多くの製品カテゴリーで過度の機能拡張が続いている。

　しかし、フィーチャーを追加しても、競争では一時的に優位性をもたらすだけである。フィーチャーセットが増えることで複雑さが増し、サイトはさらに扱いづらく使いづらくなり、初めての訪問者を惹きつけるはずの魅力が失われていく。未だ多くの組織は、ユーザーが何を好み、何に価値を見出し、実際に何が使えるのか、ということにほとんど注意を払っていない。

　現在では、ウェブサイトに限らず、あらゆる製品やサービスで質の高いユーザーエクスペリエンスを提供することが不可欠であり、競争上の持続可能な優位性であることを認識する企業が増えてきた。企業が提供するものに対して顧客の印象を形成するのは、ユーザーエクスペリエンスである。企業を競合他社と差別化するのもユーザーエクスペリエンスであり、顧客が戻ってくるかどうかの決め手もユーザーエクスペリエンスである。

ユーザーエクスペリエンスがよければ、よいビジネスになる

あなたのサイトでは何も販売せず、会社の情報を提供しているだけかもしれない。これはその情報を独占しているようなもので、情報が欲しければ、あなたのサイトから入手しなければならない。ネット書店に見られるような競争はないが、サイトのユーザーエクスペリエンスをおろそかにはできない。

もし、あなたのサイトがウェブの専門家が言うところのコンテンツ、つまり情報を中心に構成されているのなら、サイトの主な目的のひとつは、いかに効果的に情報を伝えるか、になる。ただ情報を発信するだけでは不十分で、人々が情報を取り入れ、理解しやすいように表現する必要がある。そうしないと、ユーザーが探しているサービスや製品をあなたが提供していても、ユーザーは気づかない。それに、情報を見つけられたとしても、「サイトが使いにくいのだから、この会社自体も同じに違いない」と判断されてしまいがちだ。

たとえサイトが、人々が特定のタスク（飛行機のチケットを購入する、銀行口座を管理するなど）を行うために使用するウェブベースのアプリケーションであっても、効果的なコミュニケーションが製品の成功の鍵となる。世界で最も強力な機能も、ユーザーがどうやって使うかわからなければ機能せず、失敗する。

簡単に言うと、エクスペリエンスがひどければ、ユーザーは戻ってこない。あなたのサイトのエクスペリエンスに問題がなくても、競合他社サイトのエクスペリエンスのほうがよければ、ユーザーはあなたのサイトではなく向こうのサイトへと戻っていく。フィーチャーや機能は常に重要だが、ユーザーエクスペリエンスは顧客ロイヤルティにはるかに大きな影響を及ぼす。洗練されたテクノロジーやブランドメッセージも、二度とユーザーを呼び戻すことはできない。ユーザーエクスペリエンスが優れていれば、ユーザーを呼び戻してくれる。そして、もう一度ユーザーを呼び戻せるチャンスはそうない。

ユーザーエクスペリエンスを重視することで得られる効果は、顧客ロイヤルティだけではない。利益を重視している企業は、**投資利益率（Return On Investment）**、すなわち ROI を知りたがる。ROI は通常、お金で測る。1 ドル費やすごとに何ドルの価値が戻ってくるのか？　これが ROI である。しかし、投資利益率は厳密に金銭で表現しなくてもよい。必要なのは、出ていくお金が企業の価値になることを示す測定値である。

投資利益率の一般的な指標のひとつに、**コンバージョンレート（conversion rate：転換率）** がある。顧客があなたとの関係を築くうえで次のステップに進むよう働きかけるときはいつでもコンバージョンレートを測定できる。たとえば、そのステップが「サイトの設定をカスタマイズする」といった複雑なものでも、「メールマガジンの配信登録」のような簡単なものでも測定できる。どれだけの割合のユーザーが次のステップに進んだか（コンバートしたか）記録することで、サイトがどれだけ効果的にビジネスゴールを達成しているか測定できる。

EC サイトの場合、コンバージョンレートはさらに重要になる。EC サイトでは、実際に購入する人より閲覧する人の方がはるかに多い。質の高いユーザーエクスペリエンスは、何気なく閲覧している人を積極的な購入者へとコンバートするための鍵となる要素である。コンバージョンレートがわずかに上がっただけで、収益は劇的に増える。コンバージョンレートが 0.1% 上がっただけで、収益が 10% 以上増えることも珍しくない。

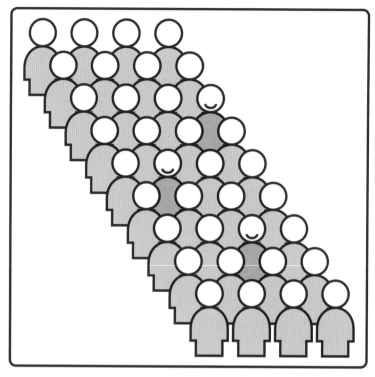

購読申し込み3人
3 subscription sign-ups

÷

訪問者36人
36 visitors

＝

コンバージョンレート8.33%
8.33% conversion rate

　ユーザーがお金を出してくれる機会のあるサイトなら、コンバージョンレートを算出できる。売り物は、本でも、キャットフードでも、サイトのコンテンツ購読でも何でもよい。単なる売上高よりもコンバージョンレートのほうが、ユーザーエクスペリエンスへの投資のリターンを正確に把握できる。サイトを知ってもらえないと、売り上げは減少する。コンバージョンレートは、サイト訪問者にお金を使わせることにどれだけ成功しているかを追跡する。

サイトがコンバージョンレートのようなROIの指標に適していなくても、ユーザーエクスペリエンスがビジネスに与える影響は決して小さくない。ユーザーが顧客、パートナー、従業員であっても、ウェブサイトはその収益にあらゆる種類の間接的な影響を与える。

　社内ツールやイントラネットなど社外の人が見ないかもしれないサイトであっても、ユーザーエクスペリエンスは大きな違いを生む。これが、組織にとって価値あるプロジェクトになるか、リソースを消費する悪夢のようなプロジェクトになるかの分かれ目になることもよくある。

　どんなユーザーエクスペリエンスの取り組みも、効率の向上を目的とする。これには基本的に2つの重要な形がある。人がより速く作業できるようにすることと、より少ないミスで済むようにすることだ。使用するツールの効率が上がれば、ビジネス全体の生産性も上がる。与えられたタスクにかかる時間が短いほど、一日でこなせる量も増える。「時は金なり」ということわざがあるように、従業員の時間を節約すれば、そのままビジネス資金の節約になる。

　けれど、効率のよさが影響するのは収益だけではない。人は、ツールが自然で使いやすければ、より自分の仕事を好きになる。イライラしたり必要以上に複雑なツールではこうは行かない。もしあなたがこの手のツールを使っているなら、一日の終わりに満足して帰宅するか、疲れ果て仕事が嫌になって帰宅するかの違いを生む。(疲れ果てて帰宅するだけなら、それなりの理由があってのことで、ツールに悩まされたからではないはずだ。)

思いどおりに機能しないテクノロジー製品を使うと、人はバカにされているように感じる。たとえ目的を達成できたとしても。

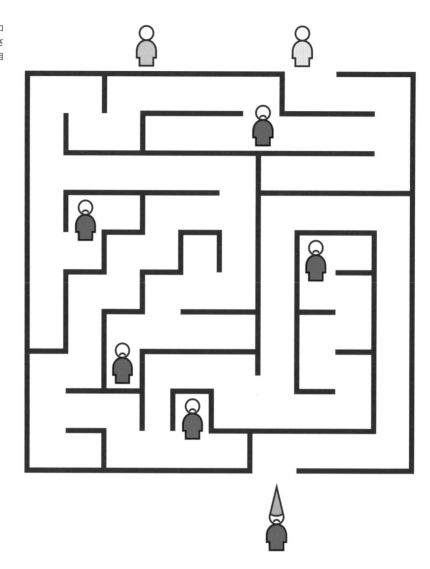

　この手のツールを使っているのが、あなたが雇っている従業員だとする。自然に簡単に使えるツールを提供することで生産性が向上するだけでなく、仕事への満足感も向上し、転職も減るだろう。その結果、採用や教育のコストを削減でき、熱心で経験豊富な従業員がより質の高い仕事をしてくれるようになる、という恩恵も受けられる。

ユーザーのことを気にかける

　魅力的で効率的なユーザーエクスペリエンスを作ること、これを**ユーザー中心デザイン（User-centered design）**という。ユーザー中心デザインのコンセプトはとてもシンプルで、製品開発のあらゆるステップでユーザーを考慮に入れる、ということだ。だが、このシンプルなコンセプトは、意外にも複雑なことを示唆している。

　ユーザーエクスペリエンスはすべて、意識的に判断された結果でなければならない。現実的には、よりよいソリューションを作ろうにも時間や費用がかかり、あちこちで妥協する必要があるかもしれない。しかし、ユーザー中心デザインのプロセスでは、妥協が偶然起こることはない。ユーザーエクスペリエンスについて考え、それを構成する要素に分解し、複数の観点から見ることで、自分の決断の影響をすべて把握することができる。

　ユーザーエクスペリエンスが重要である最大の理由は、ユーザーにとって重要であるからだ。ユーザーに優れたエクスペリエンスを提供できなければ、製品を使ってもらえない。そして、ユーザーがいなければ、どこかにある埃まみれのウェブサーバー（あるいは製品でいっぱいの倉庫）が、来ることのないリクエストに応えるのを延々と待つだけになる。来てくれるユーザーのためには、まとまりがあって、直感的で、さらには楽しいエクスペリエンス、つまり、すべてが思いどおりに動くエクスペリエンスを提供できるよう、用意しなければならない。たとえ、ユーザーの一日がその後どのように過ぎたとしても。

MEET THE ELEMENTS

CHAPTER 2
段階という考え方

　製品のユーザーエクスペリエンスが、すべて意識的かつ明確な意図のもとにもたらされるようにする。それがユーザーエクスペリエンス・デザインのプロセスである。これは、ユーザーが取る可能性のある行動をすべて考慮に入れ、そのプロセスのすべての過程でユーザーの期待を理解することを意味する。大仕事のように聞こえるし、ある意味、そのとおりだ。けれど、ユーザーエクスペリエンスを作るという仕事を構成要素に分解することで、タスク全体をよりよく理解することができる。

5つの段階

　ほとんどの人は、一度や二度、ウェブサイトで（実際に手に取れる）製品を買ったことがあるだろう。そのエクスペリエンスは毎回ほとんど同じだ。まずサイトにアクセスし、（検索エンジンを使ったり、カタログを見たりして）欲しいものを見つけ、サイトでクレジットカード番号と住所を入力し、サイトが商品の発送を確認する。

　この整然としたエクスペリエンスは、実際には、サイトの見た目、動作、できることといった、小さなものから大きなものまでの一連の決定から生じている。これらの決定は、互いに積み重ねられ、ユーザーエクスペリエンスのあらゆる側面に影響を与えている。こうしたエクスペリエンスのレイヤーを取り除くと、これらの決定がどのように行われているか理解することができる。

●表層段階

　表層（Surface）では、画像とテキストで構成されたウェブページが表示される。画像の中には、クリックするとショッピングカートに移動するなど、何らかの機能を持つものもある。また、商品の写真やサイトのロゴなど、単なる写真やイラストもある。

● 骨格段階

　表層の下には、ボタン、コントロール、写真、テキストブロックを配置するサイトの**骨格（Skeleton）**がある。骨格は、最大の効果と効率を実現するため、これらの要素の配置を最適化するようにデザインされる。その結果、ロゴがユーザーの記憶に残ったり、必要に応じてショッピングカートを見つけることができる。

● 構造段階

　骨格は、比較的抽象的であるサイトの**構造（Structure）**を具体的に表現したものだ。たとえば、骨格ではチェックアウトページのインターフェース要素の配置を定義し、構造では、ユーザーがどのようにそのページにたどりつき、そのページが終わったらどこへ行くのかを定義する。骨格では、ユーザーが製品カテゴリーを閲覧するためのナビゲーション要素の配置を定義し、構造ではそれらのカテゴリーが何であるかを定義する。

● 要件段階

　構造は、サイトでのさまざまなフィーチャー［訳注：ソフトウェアの機能と提供するコンテンツの両方を指す］や機能の組み合わせ方を定義する。これらのフィーチャーや機能をどのようなものにするかが、サイトの**要件（Scope）**となる。たとえば、いくつかのECサイトでは、ユーザーが以前使用した住所を保存し、次回注文時にその住所を使うことができる機能を提供している。このような機能を含めるかどうか、あるいはその他にどういった機能を含めるべきかを考えるのが、要件の問題である。

● 戦略段階

　要件は、基本的にサイトの**戦略（Strategy）**によって決まる。この戦略には、サイトを運営する側が何を得たいかだけでなく、ユーザーが何を得たいかも含まれる。ECサイトの例の場合、ユーザーは製品を購入したくて、運営側は販売したい、という非常に明快な戦略上の目的がある。その他の目的、た

とえば、広告やユーザーが作成したコンテンツがビジネスモデルにおいて果たす役割などは、これほど簡単には表現できないかもしれない。

下から上へと構築する

　ユーザーエクスペリエンスの問題と、その解決のために用いるツールについて語る際、これら5つの段階（戦略、要件、構造、骨格、表層）が概念的なフレームワークとなる。

　段階が上に行くにつれ、少しずつ扱う問題の抽象性が減り、具体性が増していく。一番下の段階では、最終的なサイト、製品、サービスの形がどうなるかについてはまったく考えない。ここでは、サイトが（ユーザーのニーズを満たしながら）戦略にどう当てはまるかだけを考える。一番上の段階では、製品の見た目の具体的な詳細についてだけ考える。段階が上に進むごとに、決定すべきことが少しずつ具体的になり、より詳細なレベルにかかわるようになる。

訳注:図解はP.20参照。

　各段階は、その下の段階に依存している。だから、表層は骨格に依存し、骨格は構造に依存し、構造は要件に依存し、要件は戦略に依存している。何か選択をする際、上下と揃っていないと、プロジェクトは脱線し、納期は守られず、開発チームはもともと合うはずがない部品を組み合わせようとして、コストが跳ね上がることになる。さらに悪いことに、いざ製品が発売されると、満足のいくエクスペリエンスを提供できておらず、ユーザーから嫌われてしまう。このような依存関係は、戦略段階での決定が連鎖のずっと上まで「波及効果」のようなものを持つことを意味している。逆に言うと、各段階で使用できる選択肢は、下の段階の課題で下した決定によって制約を受ける。

訳注:図解はP.21参照。

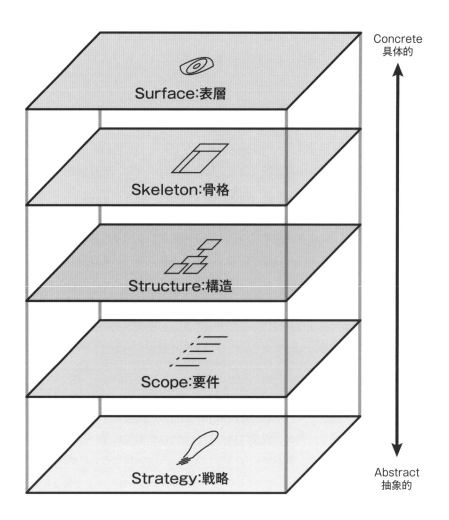

次の段階で選ぶことができる選択肢の幅

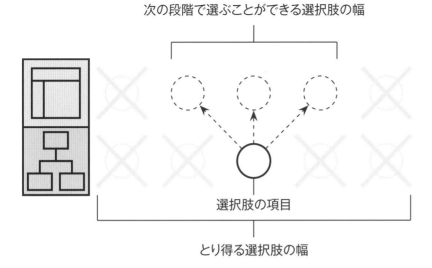

選択肢の項目

とり得る選択肢の幅

各段階での選択は、その上の段階
で使用できる選択肢に影響する。

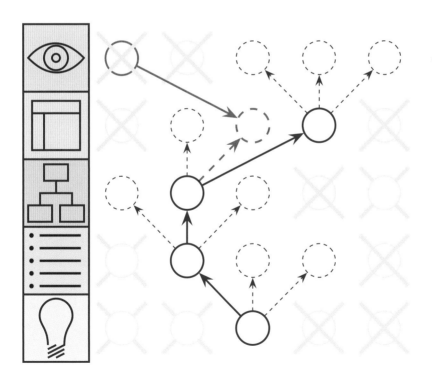

この波及効果により、上の段階で
「範囲外」の選択肢を選ぶと、下の
段階の決定まで見直さなければ
ならなくなる。

しかし、上の段階に取り組む前に、必ず下の段階に関するすべての決定を下さなければならない、ということではない。依存性は両方向に及ぶもので、上の段階の決定により下の段階で問題の再評価（あるいは初評価）を余儀なくされることもある。各レベルで、競合他社の動向、業界のベストプラクティス、ユーザーについての知識、ごく普通の常識にもとづいて意思決定を行う。これらの決定が、上下両方向に対して波及効果を持つ。

各段階で作業を終えてから次の段階の作業を始めなければならないと、あなたにとってもユーザーにとっても不満の残る結果となる。

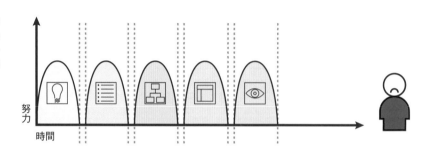

よりよいアプローチは、次の段階での作業が終わる前に、各段階の作業を終わらせることだ。

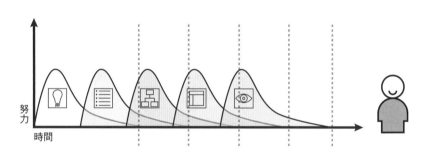

下の段階での決定が確定してから上の段階で決定を行うと、ほぼ確実にプロジェクトのスケジュール、そして最終的な製品の成功が危ぶまれることになる。

そのかわり、下の段階の作業が終わる前にどの段階の作業も終わらないよう、プロジェクトを計画する必要がある。ここで重要なのは、家の土台の形がわからないうちに屋根を作らないことである。

ウェブが持つ基本的な二重性

　もちろん、ユーザーエクスペリエンスの要素は先に述べた5つだけではないし、どんな専門分野でもそうだが、この分野も独自の語彙を進化させている。初めてこの分野に触れる人には、ユーザーエクスペリエンスは複雑そうに見えるだろう。インタラクションデザイン、情報デザイン、情報アーキテクチャなど、一見同じような言葉が飛び交っている。これらは何を意味しているのだろう？　何か深い意味があるのか？　それとも、意味のない業界バズワードに過ぎないのか？

　さらに厄介なのは、同じ言葉でも人によって使い方が違うことだ。ある人は、別の人が「情報アーキテクチャ」として知っているものを「情報デザイン」と呼んでいるかもしれない。また、「インターフェースデザイン」と「インタラクションデザイン」の違いは何か？　そもそも違いはあるのか？

　始まった頃のウェブでは、情報が中心だった。人々は文書を作成し、他の文書にリンクすることができた。ウェブを発明した Tim Berners-Lee（ティム・バーナーズ＝リー）は、世界中に分散した、高エネルギー物理学コミュニティの研究者らが、互いの発見を共有したり参照したりするための手段としてウェブを作った。彼はウェブにそれ以上の可能性を見出していたが、他にその可能性の大きさを真に理解していた者はほとんどいなかった。

　当初、ウェブは新しい出版メディアと捉えられていたが、テクノロジーが進歩し、ウェブブラウザやウェブサーバーに新機能が追加されるにつれて、新たな機能を持つようになった。そして、ウェブがより大きなインターネットコミュニティに浸透し始めてからは、ウェブは情報を発信するだけでなく、収集したり操作したりできるように、より複雑で強固な機能を持つようになった。これにより、ウェブはよりインタラクティブなものとなり、既存のデスクトップアプリケーションをベースに、時にはそれを超えるような形で、ユーザーの入力に反応するようになった。

ウェブを商用利用することへの関心が生まれたことで、eコマース、ソーシャルメディア、金融サービスといったアプリケーション機能が登場し、幅広いユーザーを獲得した。一方で、ウェブは出版メディアとしても発展し、無数の新聞や雑誌サイトが次々とウェブ限定のブログや「e-zine（電子雑誌）」を公開した。あらゆる種類のサイトが、静的な情報の集まりから、絶えず進化する動的なデータベース駆動型のサイトへと移行するにつれて、テクノロジーは両面で進歩し続けた。

ウェブ・ユーザーエクスペリエンスのコミュニティができ始めた頃、そのメンバーは2つの異なる言語を話していた。ひとつのグループは、すべての問題をアプリケーションデザインの問題と捉え、従来のデスクトップやメインフレームといったソフトウェアの世界から問題解決のアプローチを適用した。（これらのアプローチは、車からランニングシューズまで、あらゆる種類の製品づくりに適用される一般的な方法に根ざしていた。）もうひとつのグループは、ウェブを情報の配信と検索の観点から捉え、出版、メディア、情報科学といった伝統的な世界から問題解決のアプローチを適用した。

この違いは、かなりネックになった。基本的な用語についてすら合意できない状態で、進歩はほとんどなかった。さらに、機能的なアプリケーションと情報リソースのどちらにきっちり分類できるウェブサイトはほとんどなく、状況はさらに混乱した。数多くのウェブサイトが、それぞれの世界の性質を取り入れた一種のハイブリッドのようなものだったのである。

このようなウェブの性質の二重性に対処するため、5つの段階を真ん中から分けて考えてみよう。左に**機能性プラットフォーム**としてのウェブに特有な要素を、右に**情報メディア**としてのウェブに特有な要素を置くことにする。

機能性としての製品 ｜ 情報としての製品

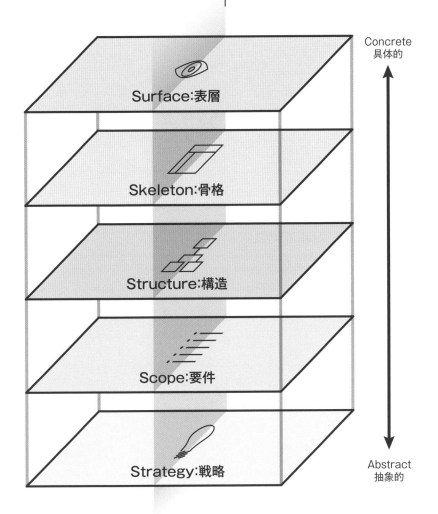

Concrete
具体的

Surface:表層

Skeleton:骨格

Structure:構造

Scope:要件

Strategy:戦略

Abstract
抽象的

機能性の側で主に扱うのは**タスク**で、プロセスに含まれるステップと、そのステップを完了するために人々がどのように考えるか、である。ここでは、製品を、ユーザーがひとつあるいは複数のタスクを行うためのツールまたはツールセットと考える。

情報の側で主に扱うのは**情報**で、その製品がどんな情報を提供するのか、その情報がユーザーにとってどんな意味を持つのか、である。情報豊かなユーザーエクスペリエンスを実現するということは、提供する情報を人々が見つけ、吸収し、意味を見出せるようにすることだ。

ユーザーエクスペリエンスの要素

では、ややこしい用語の数々をモデルにマッピングしていく。各段階を構成要素に分解することで、ユーザーエクスペリエンス全体をデザインする際に各要素がどのように組み合わされているか、詳しく確認することができる。

● 戦略段階

機能性を重視した製品でも、情報を重視したリソースでも、戦略的関心は同じである。**ユーザーニーズ**は組織の外から、つまりサイトを利用する人々から寄せられるサイトのゴールを指す。利用者が自分たちに何を求めているのか、また、それが利用者の他のゴールとどのように調和するのか、理解しなくてはならない。

ユーザーニーズのバランスをとることは、自分たちのサイトの目標である。これらの**製品目標**はビジネス上のゴールであったり（例：今年はウェブで100万ドルの売り上げを達成する）、その他のゴールであったりする（例：次の選挙の候補者について投票者に情報を提供する）。Chapter 3 では、こうした要素についてさらに詳しく見ていく。

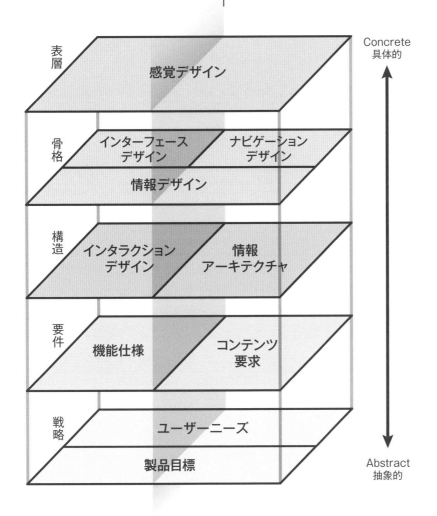

機能性としての製品 | 情報としての製品

表層 — 感覚デザイン

骨格 — インターフェース
デザイン / ナビゲーション
デザイン
情報デザイン

構造 — インタラクション
デザイン / 情報
アーキテクチャ

要件 — 機能仕様 / コンテンツ
要求

戦略 — ユーザーニーズ
製品目標

Concrete
具体的

Abstract
抽象的

● 要件段階

　機能性の側では、**機能仕様書**の作成を通じて、戦略が要件になる。機能仕様書とは、製品の「フィーチャーセット（feature-set）」を詳しく説明した

ものだ。情報の側では、これらは**コンテンツ要求**という形をとる。コンテンツ要求とは、必要とされるさまざまなコンテンツ要素を説明したもので、**要件の要素**については Chapter 4 でカバーしていく。

● 構造段階

　機能性の側では、**インタラクションデザイン**を通じて要件に構造を与えている。インタラクションデザインは、ユーザーに応じてシステムがどのように振舞うかを定義する。情報リソースの側では、構造は**情報アーキテクチャ**である。情報アーキテクチャは、人間の理解を容易にするためのコンテンツ要素の配置である。詳しくは Chapter 5 で説明する。

● 骨格段階

　骨格段階は、3つの要素に分かれる。まず、機能性と情報の両側で**情報デザイン**、つまりユーザーがスムーズに理解できる方法で情報を提示することに取り組む必要がある。機能性を重視した製品では、**インターフェースデザイン**も骨格に含まれる。インターフェースデザインとは、ユーザーがシステムの機能とやりとりできるようにインターフェース要素を配置することである。情報リソースのインターフェースは**ナビゲーションデザイン**である。ナビゲーションデザインとは、画面要素一式のことで、情報アーキテクチャ内でユーザーが動き回るためのものである。骨格段階については Chapter 6 でさらに説明する。

● 表層段階

　最後に表層だ。機能性重視の製品側であろうと、情報リソース側であろうと、ここで考えなければならないことはひとつ。完成した製品が生み出す**感覚エクスペリエンス**である。これは意外と難しい。Chapter 7 でそのすべてを明らかにする。

要素を使う

　きちんと箱と段階に分かれたこのモデルは、ユーザーエクスペリエンスの問題を考えるには便利な方法である。ただ、もちろん、現実にはこれらの領域の境界線はそれほど明確には引かれていない。あるユーザーエクスペリエンスの問題を解決するために、どの要素に注目すればよいか見極めるのが難しいこともある。ビジュアルを変更すればうまくいくのか、それとも根本的なナビゲーションデザインを見直す必要があるのか？　一度にいくつもの領域に注意しなければならないような問題もあるし、領域の境界にまたがるような問題もある。

　このモデルの片側だけに当てはまる製品やサービスはほとんどない。段階のゴールを達成するためには、それぞれの段階で要素が連携して機能する必要がある。段階上のひとつの要素について下した決定の影響を、他のすべての要素から分離するのは非常に難しい。たとえば、情報デザイン、ナビゲーションデザイン、インターフェースデザインは、連携して製品の骨格を定義している。各段階のすべての要素には、たとえその機能を実行する方法は違っても、より大きなユーザーエクスペリエンスを決定する共通の機能がある(この場合、製品の骨格を定義すること)。

　組織がユーザーエクスペリエンスの問題の責任者を決める方法も、問題をより一層複雑にしている。組織によっては「情報アーキテクト」や「インターフェースデザイナー」という肩書きの人がいるだろう。こうした肩書きに惑わされてはいけない。こういった人々は一般的に、肩書きで示された専門分野だけでなく、ユーザーエクスペリエンスの多くの要素にかかわる専門知識を持っている。必ずしもそれぞれの分野の専門家がチームにいる必要はなく、少なくとも誰かが自分の時間の一部を使って、それぞれの問題について考えるようにすればよい。

ここでは詳しく触れないが、最終的なユーザーエクスペリエンスを形成するための要素がもういくつかある。その1つ目が**コンテンツ**だ。古い格言（ウェブ時代での「古い」だが）に「コンテンツが王様」というものがある。これは間違いなくそのとおりで、ほとんどのウェブサイトがユーザーに提供できる最も重要なものは、ユーザーが価値を見出せるコンテンツである。

　ナビゲーションを楽しむためにウェブサイトを訪れるユーザーはいない。利用できるコンテンツ（あるいは入手・管理するためのリソース）がサイトを形作るうえで大きな役割を果たす。たとえばオンラインショップの場合、「販売する書籍すべての表紙の画像を、ユーザーが閲覧できるようにしたい」と決めたとする。すべての表紙の画像を手に入れることができたとして、それを目録にし、管理し、最新の状態に保つ手段はあるだろうか？　それに、表紙の画像がまったく手に入らなかったら？　サイトの最終的なユーザーエクスペリエンスを形作るには、コンテンツに関するこうした質問が不可欠である。

　2つ目は**テクノロジー**で、成功するユーザーエクスペリエンスを生み出すためには、コンテンツ同様、テクノロジーも重要になる。多くの場合、ユーザーに提供できるエクスペリエンスの性質は、主にテクノロジーによって決まる。ウェブの初期の頃は、ウェブサイトをデータベースに接続するツールはかなり原始的で限られていた。しかし、テクノロジーが進歩するにつれ、ウェブ運営にデータベースが幅広く使われるようになった。これにより、ユーザーの動きに応じて変化するダイナミックなナビゲーションシステムなど、より洗練されたユーザーエクスペリエンスのアプローチが可能になった。テクノロジーは常に変化しており、ユーザーエクスペリエンスの分野は常にそれに適応しなければならない。とはいえ、ユーザーエクスペリエンスを形成する基本的な要素は変わらない。

　この段階モデルは、私がウェブサイトにかかわる仕事の中で開発したものだが、その後、他の人たちがさまざまな製品やサービスに幅広く適用している。ウェブにかかわる仕事をしているなら、本書の内容はすべてあてはまる。他の種類のテクノロジー製品にかかわっている方は、身近な検討事項に強い類似性を見出せると思う。テクノロジーとはまったく関係ない製品やサービスにかかわっている場合でも、これらのコンセプトを自分のプロセスにあてはめることができる。

　残りの章では、これらの要素を段階ごとに詳しく見ていく。各要素に対応するためによく用いられるツールやテクニックを詳しく見ていく。その過程で、各段階の要素に共通しているもの、それぞれの違い、それらの要素がどのように影響し合ってトータルなユーザーエクスペリエンスを生み出すのかを見ていこう。

THE STRATEGY PLANE

CHAPTER 3
戦略段階

PRODUCT OBJETCTIVES AND USER NEEDS
製品目標とユーザーニーズ

成功するユーザーエクスペリエンスの基盤は、明確に打ち出された戦略である。製品が組織のために何を達成したいのか、ユーザーのために何を達成したいのか。この両方を知ることで、ユーザーエクスペリエンスのあらゆる側面について意思決定を行うことができる。しかし、この2つのシンプルな質問に答えるのは意外に難しい。

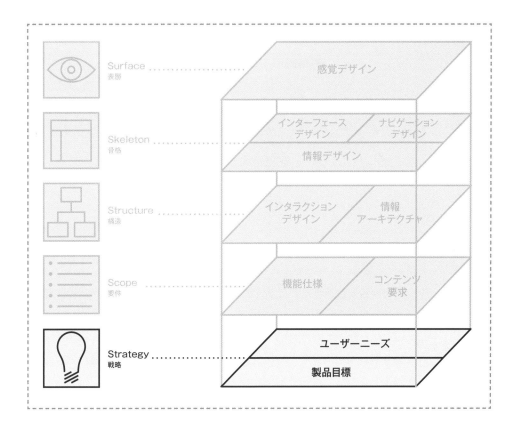

戦略を定義する

　ウェブサイト失敗の最もよくある原因は、テクノロジーではない。ユーザーエクスペリエンスでもない。ウェブサイトの失敗は、最初のコードが書かれる前、最初のピクセルが転送される前、最初のサーバーがインストールされる前に決まってしまうことがほとんどだ。以下の非常に基本的な質問に誰も答えようとしなかったためである。

・自分たちはこの製品から何を得たいのか
・自分たちのユーザーはこの製品から何を得たいのか

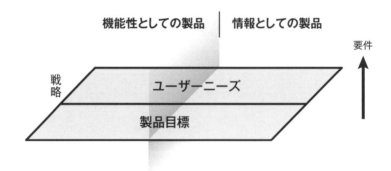

　最初の質問に答えることで、組織内の**製品目標**を説明する。2つ目の質問は、**ユーザーニーズ**、つまり外部から製品に課せられる目標に関するものである。ユーザーエクスペリエンスをデザインするプロセスでは、戦略段階の製品目標とユーザーニーズのふたつが、すべての意思決定の基盤となる。しかし驚くことに、ユーザーエクスペリエンスのプロジェクトは、根本的な戦略を明確に理解しないまま始まっていることが多い。

ここでのキーワードは「**明確に**」である。自分たちが何を求めていて、他の人々が自分たちに何を求めているのか明確に表現できれば、目標の達成に向けた選択をより正確に調整することができる。

製品目標

戦略を明確にする第一段階は、製品やサービスに対する自分たち自身の目標を吟味することだ。多くの場合、こうした製品目標は、製品を作る人々の間で暗黙の了解としてしか存在しない。暗黙の了解のままでは、製品が何を達成するためのものなのか、人によって考え方が異なってしまいがちである。

● ビジネスゴール

組織内の戦略目標を表すのに、一般的に「ビジネスゴール」とか「ビジネスドライバー」という言葉が使われる。本書では「製品目標」を使うことにする。他の言葉では意味が狭すぎたり、広すぎたりするからだ。狭すぎるのは、組織内の目標が必ずしもビジネス上のゴールとは限らないし（結局、すべての組織がビジネスと同じ種類の目標を持っているわけではない）、広すぎるのは、ここでの関心事が、他のビジネス活動とは関係なく、製品自体に期待されることをできるだけ具体的な言葉で特定することだからだ。

ほとんどの人は、製品目標をごく一般的な言葉で表現する。ウェブサイトの場合、基本的に次の2つのどちらかになる。ひとつは企業の資金を稼ぐため、もうひとつは節約するため。両方の場合もある。しかし、どうやってこの目標を達成するのかは、必ずしも明確ではない。

一方で、目標が具体的すぎると、問題となる戦略的な懸念を十分に説明できない。たとえば、目標のひとつが「ユーザーに、テキストによるリアルタイムコミュニケーション・ツールを提供すること」である場合、そのツールが組織の目標達成にどのように役立つのか、あるいは、ユーザーのニーズをどのように満たすのかが説明されていない。

具体的すぎることと一般的すぎることのバランスをとるために、問題を完全に理解していない状態で解決策の特定を急いでしまうことは避けたい。

　ユーザーエクスペリエンスを成功させるためには、何事もその結果をしっかりと理解したうえで意思決定しなければならない。成功するための条件を明確にしても、そこに至るまでの道筋を明確にしないことで、先走った行動を取らないようにする。

● ブランドアイデンティティ
　製品目標を設定するうえで欠かせないのがブランドアイデンティティである。「ブランディング」という言葉を見ると、大半の人はロゴ、カラーパレット、タイポグラフィーのようなものを思い浮かべる。こうしたブランドの視覚的な側面は重要である一方（これらについては、Chapter 7の表層段階でさらに詳しく見ていく）、ブランドコンセプトは視覚的なものだけではない。ブランドアイデンティティとは、概念的な関連性や感情的な反応の集合体であり、避けて通れないものだからこそ重要なのだ。ユーザーの心の中には、製品とのインタラクションによって必然的にあなたの組織に対する印象が生まれる。
　その印象が、たまたまそうなったのか、それとも意識的に選択してデザインした結果なのか選択しなければならない。ほとんどの組織はブランドの認知についてある程度コントロールしたいと考えているため、ブランドアイデンティティの訴求は非常に一般的な製品目標となっている。ブランディングは営利団体だけのものではない。ウェブサイトをともなうあらゆる組織は、非営利団体から政府組織、個人まで、ユーザーエクスペリエンスを通じて印象を作り出す。その印象の具体的な質を明確な目標として成文化することにより、ポジティブな印象を与える可能性が高くなる。

● 成功測定基準

　レースにはゴールがある。目標を理解するうえで重要なのは、ゴールに着いたことをどうやって知るかだ。

　これは**成功測定基準**（**success metrics**）と呼ばれるもので、製品の発売後、自分たちの目標やユーザーニーズを満たしているか確認するための指標である。優れた成功測定基準を定義することは、プロジェクト期間中の意思決定に影響を与えるだけではない。次のユーザーエクスペリエンス・プロジェクトの予算承認を求める際に懐疑的な人たちに直面したとしても、この指標がユーザーエクスペリエンスの取り組みの価値を証明する具体的な証拠となる。

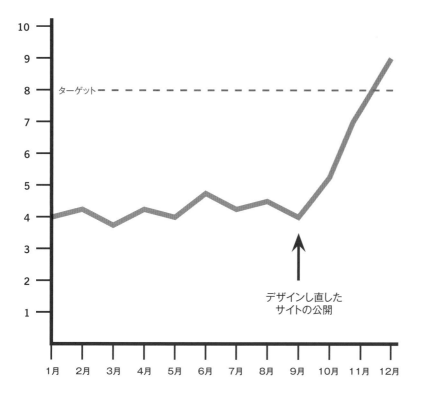

月間訪問数（登録ユーザーのみ）

成功測定基準は、戦略目標の達成に対してユーザーエクスペリエンスがどれだけ効果的かを示す、具体的な指標である。この例では、登録ユーザー1人あたりの月間訪問数を測定することにより、このサイトがコアユーザーにとってどれだけ価値があるかを示している。

これらの測定基準は製品自体と、その製品がどのように使われるかに関係していることもある。平均的なユーザーは、1回の訪問につきどれだけの時間をサイトで費やしているか？（分析ツールを使って調べることができる）ユーザーにとって居心地のよいサイトにしたい、ぶらぶらして提供しているものを探索してほしいのであれば、訪問1回あたりの滞在時間が長くなってほしいだろう。逆に、情報や機能性にすばやくアクセスしてもらいたいのであれば、訪問1回あたりの滞在時間を短くしたいだろう。

　広告収入に頼っているサイトの場合、インプレッション（1日あたりのユーザーへの広告配信回数）は、非常に重要な測定基準である。しかし、自分の目標とユーザーニーズとのバランスに注意しなければいけない。ページビューを増やしたければ、トップページとユーザーが見たいコンテンツページとの間に、ナビゲーションのページを数階層加えると、広告インプレッションは確実に増加する。だが、これは果たしてユーザーニーズに応えているだろうか？　おそらく応えていない。長期的には、ユーザーがイライラして戻ってこなくなると、インプレッションは最初の高い値から下がり、最終的には開始時よりも低くなってしまうことは明らかだ。

　すべての成功測定基準が、直接サイトから得られるものである必要はない。サイトの間接的な効果も測定できる。たとえば、よくある問題の解決方法をサイトが提供していれば、カスタマーサポートへの電話の件数は減るはずだ。また、効果的なイントラネットから簡単にツールやリソースにアクセスできれば、営業が契約を取りつけるまでの時間を短縮でき、収入の増加に直結する。

　成功測定基準がユーザーエクスペリエンスに関する決定を意味あるものにするには、それらの測定基準が、デザインの選択によって形作られるユーザー行動の側面と明確に結びついていなければならない。もちろん、デザインし直したサイトを公開して、オンライン取引からの一日の収益が40％もアップしたら、因果関係は明らかだ。だが、変化が長期間にわたる場合、その変化がユーザーエクスペリエンスに起因するのか、それとも他に要因があるのか、特定するのは困難なことがある。

　たとえば、サイトのユーザーエクスペリエンスだけでは新規ユーザーを集めることはできないので、口コミやマーケティング活動に頼らなければならない。だが、ユーザーエクスペリエンスは、そうやって集めたユーザーが戻ってくるかどうかに大きな影響を与える。再訪問数の測定は、ユーザーニーズを満たしているかどうかを評価するための優れた手段だが、注意が必要だ。競合他社が大規模な広告キャンペーンを展開したり、会社が悪評を受けたりしたことで、ユーザーが戻ってこないことがある。測定基準を単独で見ると誤解を招く恐れがある。必ず一歩下がって、ウェブサイト以外のところで何が起こっているかを把握し、全体像を把握するようにしよう。

ユーザーニーズ

　製品やサービスをデザインしていると、自分たちと同じような理想的なユーザー（自分たちにそっくりな誰か）のためにデザインしている、という考えに陥りがちだ。しかし、自分たちのためにデザインしているのではなく、他の人々のためにデザインしている。作ったものを気に入って使ってもらうには、どんな人々なのか、どんなニーズなのかを理解する必要がある。時間をかけてこうしたニーズを調査すると、自分たちの限られた見方から離れ、ユーザーの視点からサイトを見ることができる。

　ユーザーは非常に多様であると考えられるため、ユーザーニーズの特定は複雑だ。組織内に向けたウェブサイトであっても、幅広いニーズに対応しなければならないことがある。消費者向けのモバイルアプリなら、その可能性は飛躍的に高まる。

　ニーズを明らかにするには、ユーザーが誰なのか定義する必要がある。ユーザーが誰なのかわかれば、その人たちに質問したり、行動を観察する、といった調査を行うことができる。調査の結果から、ユーザーが製品を使用する際に必要なものを定義し、優先順位をつけることができる。

● ユーザーセグメンテーション

　この大量のユーザーニーズは、**ユーザーセグメンテーション**を通じて扱いやすい単位に分けられる。特定の重要な特性をキーとしてユーザーを小さなグループ（セグメント）に分割する。ユーザーグループをセグメントに分ける方法は、ユーザーのタイプの数だけあるが、ここでは最も一般的なアプローチをいくつか紹介する。

　市場調査では、性別、年齢、教育レベル、配偶者の有無、収入といった**デモグラフィック**（人口統計学的属性）な基準にもとづいてユーザーのセグメントを作成する。セグメントの条件は、18 ～ 49 歳男性、など非常に一般的な場合もあれば、25 ～ 34 歳、未婚女性で大学卒、年収 $50,000 以上、など非常に具体的な場合もある。

　デモグラフィックな方法以外にも、ユーザーの見方はある。**サイコグラフィック**（心理的属性）は、特にサイトにかかわる世界やテーマに対してユーザーがどのような態度や受け取り方をするかを表す。サイコグラフィックはデモグラフィックと強い相関関係があることが多く、同じ年齢層、地域、所得レベルの人は同じような態度をとることがある。ただ、多くの場合、デモグラフィックは同じでも、世界に対する見方や関わり方はまったく異なる。（高校で一緒だったみんなのことを考えるとわかる。）だからこそ、ユーザーのサイコグラフィックな面を明らかにすることで、デモグラフィックな方法では得られない洞察を得ることができる。

　ウェブサイトやテクノロジー製品を開発する際に、もうひとつ考慮すべき重要なことがある。ウェブやテクロノジーそのものに対するユーザーの態度だ。ユーザーは毎週どれくらいの時間、ウェブを使っているか？　テクノロジーは日常の一部になっているか？　テクロノジー製品を使うのが好きか？常に最新で最高の製品を使っているか、それとも必要なときだけアップグレードするのか？　ハイテク恐怖症の人とパワーユーザーとでは、ウェブサ

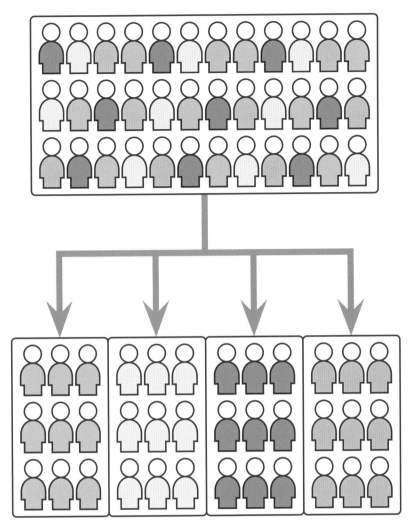

ユーザーセグメンテーションでは、ユーザー全体を共通するニーズによって小さなグループに分ける。これにより、ユーザーニーズをより理解しやすくなる。

イトに対するアプローチはまったく異なるため、デザインもそれに対応する
必要がある。ここで述べたような質問に答えることで、その対応がしやすく
なる。

ユーザーがどれだけテクノロジーに親しみ、快適に感じているかを理解することに加えて、自分たちのサイトのテーマについて、ユーザーが何をどれだけ知っているかを理解する必要がある。料理を始めたばかりの人に調理器具を販売するのと、プロのコックに調理器具を販売するのとでは、売り方は大きく異なるはずだ。また、株式取引アプリケーションの場合でも、株式市場に不慣れな人と経験豊富な投資家とでは異なるアプローチが必要になる。こういった経験や専門知識の違いが、ユーザーをセグメントに分ける基礎となる。

人が情報をどう使うかは、その人の社会的または職業的役割に依存することが多い。大学受験生の親が必要とする情報は、受験生本人が必要とする情報とは異なる。ユーザーのさまざまな役割を明確にすることで、ユーザーを分けてそれぞれのニーズを分析しやすくなる。

ユーザーグループで調査を実施すると、それまで扱っていたセグメントを見直す必要が出てくるかもしれない。たとえば、25〜34歳の大学卒の女性を調査している場合、30〜34歳の女性のニーズは、25〜29歳の女性のニーズと違うことがわかるかもしれない。その違いが大きければ、最初に設定した25〜34歳としてひとつにまとめるのではなく、別々にしたほうがよいかもしれない。逆に、18〜24歳のグループと25〜34歳のグループのニーズがかなり似ているようであれば、ひとつにまとめてもよいだろう。ユーザーセグメントを作るのは、ユーザーニーズを明らかにするための手段にすぎない。異なるユーザーニーズのセットの数だけセグメントが必要になるというだけだ。

ユーザーセグメントを作る重要な理由がもうひとつある。ユーザーのグループによってニーズが異なるだけでなく、ニーズが正反対の場合があるのだ。さきほどの株式取引アプリケーションの例でいうと、初心者にはプロセスを一連の簡単なステップに分けたアプリケーションを提供するのが最適だ

ろう。だが、熟練者にとってはいちいち順を追って進む手順は邪魔になる。熟練者が必要としているのは、幅広い機能にすばやくアクセスできるよう、ひとつにまとめられたインターフェースだ。

　明らかに、ひとつのソリューションでこの2つのユーザーニーズを満たすことはできない。この場合、一方のユーザーセグメントだけに焦点を当て、もう一方のユーザーセグメントを排除するか、あるいは同じタスクに対して2つの異なる方法を提供するかのどちらかを選択することになる。どちらを選択するにしても、この戦略的な決定が、ユーザーエクスペリエンスに関して行うすべての選択に影響を与える。

●ユーザビリティとユーザー調査

　ユーザーニーズを理解するには、まずユーザーがどんな人々なのかを知らなくてはならない。そのために必要なデータを収集するのが、**ユーザー調査**の分野である。

　サーベイ、インタビュー、フォーカスグループといった調査ツールは、ユーザーの一般的な態度や認識に関する情報の収集に最適だ。一方、ユーザーテストやフィールド調査といった調査ツールは、ユーザーの行動や製品とのインタラクションといった特定の側面を理解するのにより適している。

　一般的に、個々のユーザーに時間を費やすほど、調査研究で得られる情報は詳細になる。しかし、個々のユーザーに費やす時間が増えれば、必然的に調査に含められるユーザーの数は少なくなってしまう（最終的には製品やサービスを立ち上げなければならないので）。

　サーベイやフォーカスグループといった**市場調査メソッド**は、ユーザーに関する一般的な情報を集める貴重な情報源となる。これらのメソッドは、どんな情報を得たいか明確になっている場合に最も効果的だ。製品の特定の機能を使う際、ユーザーがそこで何をしているのかを知りたいのか？　または、それはもう知っているが、なぜそうするのかを知りたいのか？　知りたいこ

とを明確に説明できればできるほど、適切な情報を確実に得るための質問を
より絞り込んで効果的なものにできる。

　コンテクスト探求（**contextual inquiry**）とは、日常生活というコンテク
ストの中で（この名前の由来）ユーザーを理解するための最も強力かつ包括
的なツールキットをまとめて形成する一連のメソッド全体を指す。これらの
テクニックは、人類学者が文化や社会を研究するために用いるメソッドから
派生している。たとえば、遊牧民の部族がどのように行動しているかを調べ
るのと同じメソッドを使って、より小さなスケールで適用することで、飛行
機のパーツを購入する人々がどのように行動するかを調べることができる。
唯一の欠点として、コンテクスト探求には非常に時間とお金がかかることが
ある。リソースがあり、ユーザーをより深く理解しなければならない問題で
あれば、本格的なコンテクスト探求を行うことで、他のメソッドでは見つけ
られないようなユーザーの行動の機微を明らかにすることができる。

　他の場合、コンテクストに関するメソッドは軽めで安価だが、完全な調査
研究のような深い理解は得られない傾向がある。コンテクスト探求に密接に
関連するメソッドの一例として**タスク分析**がある。タスク分析の背景にある
考え方は、ユーザーと製品とのインタラクションはすべて、ユーザーが実
行している何らかのタスクのコンテクストの中で起こるというものだ。タス
クは非常に焦点が絞られているものもあれば（映画のチケットを購入するな
ど）、もっと幅広いものもある（国際商取引の規定について学ぶなど）。タス
ク分析は、ユーザーがタスクを達成するための正確なステップを綿密に調
査するメソッドである。これには、ユーザーに体験談を語ってもらうインタ
ビューや、ユーザーが自然な状態で行うフィールドでの直接観察がある。

　ユーザーテストはユーザー調査の中で最もよく用いられる形式だ。ユー
ザーテストでは、ユーザーをテストするのではなく、作ったものをユーザー
にテストしてもらう。ユーザーテストは完成した製品で行われる場合もある

し、デザインを変更するための準備であったり、発売前にユーザビリティ上の問題を解決するために行われることもある。他にも、開発中の製品や、完成品のラフなプロトタイプを使ってテストする場合もある。

　ウェブデザインに関する本を読んだことがある人なら、**ユーザビリティ**という概念を目にしたことがあると思う。この言葉が何を意味するのかは、人によって異なる。「ユーザーの代表でデザインをテストすること」を表現するためにこの言葉を使う人もいるし、非常に具体的な開発手法の適用を意味する人もいる。

　ユーザビリティへのすべてのアプローチは、製品をより使いやすくするためのものだ。使いやすいウェブサイトのデザインを構成するものを体系化しようと、数多くの定義やルールがある。互いに一致するものもある。しかし、すべて同じ原則を核としている。「ユーザーは使いやすい製品を必要としている。」これは最も普遍的なユーザーニーズである。

　完全に機能しているウェブサイトを使ったテストは、非常に広い範囲で行われることもあれば、非常に狭い範囲で行われることもある。サーベイやフォーカスグループと同様、ユーザーと向き合う前に、何を調査したいのかをはっきり把握しておくとよい。でも、だからといって、ユーザーテストでは狭い範囲で定義されたタスクを、ユーザーがいかにうまく達成するかを評価することに限定しなければいけない、というわけではない。ユーザーテストは、より広く、より具体的でない問題についても調査できる。たとえば、デザインを変更することで、企業のブランドメッセージが強化されるか、損なわれるのかを確認できる。

　ユーザーテストのもうひとつのアプローチは、ユーザーにプロトタイプを使ってもらうことだ。紙に描いたラフスケッチから、必要最低限のインターフェースデザインを使った「ローファイ（低忠実度）」なモックアップ、完成品と錯覚するような「クリックスルー」できるプロトタイプまでさまざまな形がある。大規模なプロジェクトでは、デザインプロセス全体を通じてユー

ザーの意見を集めるために、段階別に異なる種類のプロトタイプを用いる。

　ユーザーテストでは、まったくサイトを使わないこともある。ユーザーを募ってさまざまな作業をしてもらうことで、ユーザーがサイトのテーマにどのようにアプローチするのか、洞察が得られる。情報を主とするサイトでは、**カードソーティング**という方法で、ユーザーが情報の要素をどのように分類したり、グループ分けするのかを探る。この方法では、ユーザーに一束のインデックスカードを渡す。カード一枚一枚に、コンテンツの名前、説明、画像、タイプなどが記載されている。ユーザーは最も自然に感じられるグループやカテゴリーにしたがって、カードをグループに分ける。何人かのユーザーによるカードソーティングの結果を分析すると、サイトが提供する情報についてユーザーがどのように考えているのか、理解しやすくなる。

●ペルソナを作る

　ユーザーに関するさまざまなデータを集めることは非常に価値があるが、ときに、そういったデータに隠れて本当のユーザーの姿を見失ってしまう。ユーザーを**ペルソナ**（ユーザーモデル、ユーザープロフィールということもある）にすることで、ユーザーをよりリアルにすることができる。ペルソナとは、実際のユーザーのニーズを表現するために作られた、架空のキャラクターである。ユーザー調査やセグメント作業で得られたバラバラのデータに顔と名前を用意することで、デザインプロセスの間、ユーザーのことを常に念頭に置いておける。

　例を見てみよう。これからビジネスを始める人に情報を提供するサイトについて考えてみる。調査の結果、ユーザーの年齢層は 30 〜 45 歳が多いことがわかっていて、これらのユーザーは全般に、ウェブやテクノロジーに慣れ親しんでいる傾向がある。ビジネスの世界でかなり経験を積んでいる人もいるし、経営に関することはこれが初めて、という人もいる。

　この場合、2 つのペルソナを作るのが適切かもしれない。最初のペルソナをジャネットとする。彼女は 42 歳で、結婚しており、子供が 2 人いる。こ

こ数年は、大手会計事務所の部長として働いているが、人の下で働くことに不満を感じており、自分の会社を作りたいと考えている。

　2人目のペルソナはフランク。彼は37歳で、結婚して子供が1人いる。長年、週末の趣味として木工を続けている。友人が彼の作った家具に感銘を受けたこともあり、自分の作品を販売するビジネスができないかと考えている。ただ、そのためにスクールバスの運転手を辞める必要があるのかどうか、わからない。

　こうした情報がどこから出てきたかというと、ほとんどは自分たちが作り出したものだ。ペルソナは、調査で得られたユーザー情報と一致している必要があるが、詳細な情報に関しては自分たちが作り上げた架空の人物である。細かい情報を盛り込むことで、キャラクターに魂を吹き込み、実在のユーザーのかわりとなる。

　ジャネットとフランクは、サイトのユーザーエクスペリエンスについて意思決定を行う際に念頭に置かなければならない、さまざまなユーザーニーズを表している。ジャネットとフランクのこと、そして彼らのニーズを思い出すために、素材集から写真を持ってきて、もう少しアイデンティティを与え、まとめた情報と組み合わせる。このプロフィールは印刷してオフィスに貼っておけばよい。何かを決める際、「これはジャネットの役に立つかな？　フランクだったらどう反応するだろう？」と自問したり、互いに尋ねたりできる。ペルソナを使うことで、常にユーザーのことを念頭に置いて進めることができる。

ペルソナは、ユーザー調査から導き出された架空のキャラクターで、ユーザーエクスペリエンス開発時に例として用いられる。
［訳注：このペルソナは原著刊行時（2011年）の状況にもとづいて作られたもの］

ジャネット

「たくさんの情報を整理している時間はないんです。すぐに答えが必要なの。」

ジャネットは企業で働くことに不満を持ち、自分の会計事務所を立ち上げたいと考えている。

年齢：42歳
職業：会計事務所 部長
家族：既婚、子供2人
世帯年収：＄180,000

テクノロジー：かなり慣れている。
Dellノートパソコン（約1年使用）でWindowsを使用。
ネット接続環境は5Mbit。週15～20時間。
ネット使用状況：75％自宅。ニュース閲覧、情報収集、ショッピング

お気に入りのサイト：

WSJ.com

Salon.com

Travelocity.com

フランク

「まだ何もわからないので、サイトでは一からすべて説明してほしい。」

フランクは家具作りの趣味をどうやってビジネスにできるか学びたい。

年齢：37歳
職業：スクールバス運転手
家族：既婚、子供1人
世帯年収：＄60,000

テクノロジー：やや疎い。
Apple iMac（約2年使用）。
ネット接続環境はDSL。週8～10時間。
ネット使用状況：100％自宅。エンターテインメント、ショッピング

お気に入りのサイト：

ESPN.com

moviefone.com

eBay.com

チームの役割とプロセス

　戦略的な問題は、ユーザーエクスペリエンス・デザインのプロセスにかかわるすべての人に影響を与える。しかし、それにもかかわらず（あるいは、だからこそ）、こうした目標を策定する責任は見落とされることが多い。コンサルティング会社はこの問題への対処として、クライアントのプロジェクトに**ストラテジスト**（戦略担当の専門家）を雇うことがある。しかし、こういった希少な専門知識は大抵高くつくし、ストラテジストは製品の構築に直接責任を負わないので、この項目はプロジェクト予算から真っ先に削られてしまいがちだ。

　ストラテジストは、組織内で数多くの人と話をし、製品目標とユーザーニーズについて、できるだけ多くの視点から意見を聞く。**ステークホルダー**（利害関係者）は、製品の最終的な戦略的方向性の影響を受ける部門を担当する上級意思決定者たちである。たとえば、顧客が製品サポート情報にアクセスできるようにデザインされたウェブサイトの場合、ステークホルダーには、プロダクトマネージャーのほか、マーケティングコミュニケーションやカスタマーサービスの代表者が含まれるだろう。組織の正式な意思決定構造（それと、非公式な社内政治の実態）によって、誰がステークホルダーに含まれるかは変わる。

　戦略を策定する際に無視されがちなのが、組織を日々運営する責任がある一般従業員だ。しかし、何がうまくいくか、いかないかを判断する感覚は、一般従業員のほうが管理者より優れている。特にユーザーニーズに関しては、上級意思決定者たちに真似できない方法で戦略に情報を与えてくれる。顧客が何に困っているのか、それを一番よく知っているのは毎日顧客と話す人々である。顧客からのフィードバックが、それを必要とする製品デザインおよび開発チームまでめったに届かないという状況を知ってよく驚かされる。

製品目標とユーザーニーズは、公式な**戦略記述書**やビジョン記述書で定義されることが多い。この文書では単に目標のリストを挙げるのではなく、さまざまな目標間の関係や、それらの目標が組織という大きなコンテクストの中でどのように位置づけられるかを分析している。この目標と分析はステークホルダー、一般従業員、ユーザー自身の言葉によって裏づけられていることが多く、彼らの言葉はプロジェクトにかかわる戦略的な問題を鮮明に描き出している。ユーザーニーズは、これらの文書とは別にユーザー調査のレポートに記載されることもある（ただし、すべての情報をひとつにまとめることには一定の利点がある）。

「大は小を兼ねる」と言うが、必ずしも戦略の文書化には当てはまらない。自分の考えを伝えるのに、あらゆるデータや引用コメントを含める必要はない。簡潔に、要点だけを伝えるようにしよう。文書を目にする多くの人は、何百ページもの補足資料を読み解く時間も関心もない。それに、文章の量で圧倒するよりも、読んだ人が戦略を理解できることのほうがはるかに重要だ。効果的な戦略記述書は、ユーザーエクスペリエンス開発チームの試金石となるだけでなく、組織の他の部分でプロジェクトへのサポートを構築するために使うこともできる。

　戦略記述書で最もやってはいけないことは、チームのアクセスを制限することだ。戦略記述書はどこかにしまい込まれたり、ほんの一握りの重役だけに共有されるために作成されたのではない。プロジェクトで積極的に利用されてこそ、文書化した努力が報われる。デザイナー、開発者、プロジェクトマネージャーなど、すべてのプロジェクトメンバーが自分の仕事について情報を得たうえで意思決定を行うために戦略記述書が必要である。戦略文書には機密事項が含まれていることが多いが、組織が行き過ぎて担当チームから戦略を遠ざけては、その実現を阻むことになってしまう。

　ユーザーエクスペリエンス・デザインのプロセスは戦略から始まるべきだが、戦略が定まらないとプロジェクトが進まない、というわけではない。動いている的を狙うのは時間とリソースの無駄であり、社内のフラストレーションの大きな原因となることは言うまでもないが、戦略は進化し、洗練されるべきである。戦略を体系的に見直し、改良していけば、ユーザーエクスペリエンス・デザインのプロセスを通じて、継続的なインスピレーションの源となる。

THE SCOPE PLANE

CHAPTER 4
要件段階

FUNCTIONAL SPECIFICATIONS AND CONTENT REQUIREMENTS
機能仕様とコンテンツ要求

「自分たちが求めているもの」と「ユーザーが求めているもの」をはっきり把握することで、それらの戦略目標すべてを満たす方法を考えることができる。ユーザーニーズと製品目標を「製品がどんなコンテンツや機能性をユーザーに提供するのか」という具体的な要求に置き換えることで、戦略は要件になる。

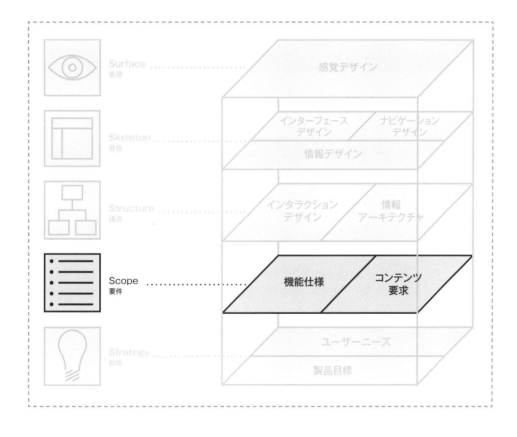

要件を定義する

　ジョギングやピアノの音階練習など、プロセスに価値があるからこそ、行うことがある。また、チーズケーキを作ったり、車を修理したりするように、製品に価値があるからこそ、行うことがある。プロジェクトの要件を定義することは、価値あるプロセスが価値ある製品を生み出す、という両方の意味を持つ。

　なぜプロセスに価値があるのか。それは、まだすべてが仮説であるうちに、製品の潜在的な矛盾や粗い部分への対処を余儀なくされるからだ。今すぐ取り組めることと、後回しにしなければならないことを見極めることができる。

　なぜ製品に価値があるのか。それは、チーム全体にプロジェクトを通じて行うべき全作業の基準点と、その作業について話すための共通言語を与えてくれるからだ。要求を定義することによって、デザインプロセスから曖昧さをなくすことができる。

　以前、永遠にベータ版のような状態だったウェブアプリケーションを担当していたことがある。完成間近ではあるが、実際のユーザーに出すには不十分、という状態だった。アプローチには数々の問題があった。テクノロジーは不安定だったし、ユーザーのことを何もわかっていないようだった。それに、会社でウェブ開発の経験があったのは私だけだった。

　でも、それだけでは製品を公開できなかった理由の説明にならない。大きな障害となったのは、要件を定義しようとしないことだった。つまり、みんな同じオフィスで働いていたので、すべてを書き出して共有するのは面倒だったし、プロダクトマネージャーは新機能の開発に力を注ぐのに必死でそれどころではなかった。

　その結果、機能の完成度がまちまちで絶えず変化する寄せ集めの製品が生まれた。誰かが新しい記事を読んだり、製品をいじっていて新しいアイデアが浮かぶと、他の機能が生まれた。常に作業は行われていたが、スケジュールもマイルストーンもなく、終わりが見えなかった。誰もプロジェクトの要件を知らなかったのだから、作業の終わりがわかる人なんているはずがなかった。

　わざわざ要求を定義する理由は、大きく分けて2つある。

● 理由その1：自分が何を構築しているのかわかる

　これは当たり前のことだが、ウェブアプリケーションを構築しようとしているチームにとっては意外なことだった。自分たちが何を構築しようとしているのか明確にしておけば、プロジェクトのゴールが何で、いつ達成されたか誰もが知ることができる。最終的な製品は、プロダクトマネージャーの頭の中にしかない無形のものではなく、経営幹部からエントリーレベルのエンジニアまで、あらゆるレベルのすべての人が協力できる具体的なものになる。

　明確な要求がないと、プロジェクトは子供の「伝言ゲーム」のようなものになってしまう。チームの各人が製品に対する印象を口々に伝えていくが、全員の説明が微妙に異なってしまう。さらに悪いことには、製品の重要な部分のデザインと開発は、きっと誰かが管理していると思い込んでいるが、実際には誰も管理していない。

　定義された要求セットがあることで、作業の責任をより効率的に分配することができる。要件全体を把握することで、他の方法では明らかにならないかもしれない個々の要求間のつながりが見えてくる。たとえば、初期のディスカッションでは、サポート文書とプロダクトスペックシートは、別々のコンテンツのフィーチャーのように見えたかもしれないが、これらを要求として定義することで、重複する部分が多く、同じグループがその両方を担当すべきだと明らかになるかもしれない。

● 理由その2: 自分が何を構築していないのかわかる

　よさそうに聞こえるフィーチャーはたくさんあるが、必ずしもプロジェクトの戦略目標に沿っているとは限らない。それに、プロジェクトがうまく進行した後で、さまざまなフィーチャーの可能性が出てくる。要求を明確にしておけば、そういったアイデアを評価するフレームワーク（枠組み）が得られ、すでに構築が決まっているものにどのように適合するか（あるいは適合しないか）を理解することができる。

「構築していないものを知る」ということは、「**今現在**構築していないものを知る」ということでもある。優れたアイデアを集めることの本当の価値は、そのアイデアを長期計画に適切に組み込む方法を見つけることから生まれる。具体的な要求を策定し、この要求に合わないリクエストを、今後のリリースの可能性としてストックしておくことで、プロセス全体をより慎重に管理することができる。

現在のスケジュールでこなせない要求は、開発サイクルの次のマイルストーンの基盤となる。

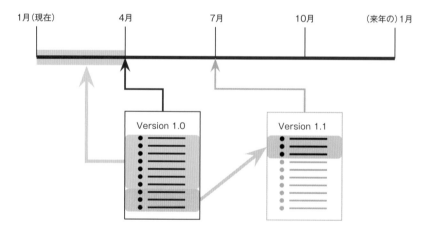

　意識的に要求を管理しないと、非常に恐ろしい「要件増大（scope creep）」に巻き込まれることになる。これでいつも思い浮かぶイメージがある。雪玉が1インチ、また1インチと転がっていき、転がるたびに少しずつ雪が周囲につき、坂道を下っていくうちに大きくなって止められなくなってしまう。これと同じことで、追加される要求ひとつひとつを見ればそれほど大きな負担ではないかもしれないが、すべての要求が重なると、もうプロジェクトは手が着けられない状態に陥る。納期や予算の見積りが押しつぶされ、避けられない最後のクラッシュへと突き進む。

機能性とコンテンツ

　要件段階では、戦略段階で扱った「なぜこの製品を作るのか」という抽象的な問いから出発し、「何を作るのか？」という新たな問いを積み重ねていく。

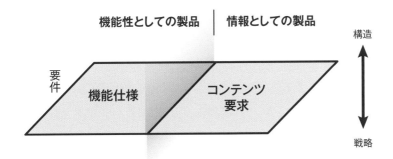

機能性の手段としてのウェブと、情報メディアとしてのウェブの分岐点は、要件段階で機能し始める。機能性側では、ソフトウェア製品の一連の機能と考えられるものに関心がある。情報側では、元来は編集やマーケティングコミュニケーション部門の分野であるコンテンツを扱うことになる。

　コンテンツと機能性はまったく違うもののように見えるが、要件を定義する際には、この2つは非常に似た方法で対処できる。この章では、ソフトウェアの機能と提供するコンテンツの両方を指して、フィーチャー（feature）という言葉を使う。

　ソフトウェア開発では、要件は機能要求、あるいは**機能仕様書（functional specifications）**として定義される。組織によっては、この機能要求と機能仕様の2つがまったく別物のこともある。プロジェクトの初期に「このシステムが何をするべきか」を表すのが要求であり、プロジェクトの最後に「このシステムが実際にすること」を表すのが仕様だったりする。また、仕様は要求のすぐ後に作成されるもので、実装の詳細を記載する場合もある。だが、ほとんどの場合、この2つの言葉はどちらを使っても変わりはない。実際、すべての基盤をカバーしていることを確認するために「機能要求仕様（functional requirements specification）」を使う人もいる。本書では文書そのものを指す場合は「機能仕様書（functional specifications）」を、そのコンテンツを指す場合は「要求（requirements）」を使う。

　この章で使う言葉は、大部分がソフトウェア開発で使われるものだが、ここでのコンセプトはコンテンツにも等しく当てはまる。コンテンツ開発では、ソフトウェアの場合ほどかっちりした要求定義はしないことが多いが、基本的な原理は同じである。コンテンツ開発者は、自分が開発するコンテンツにどんな情報を含める必要があるのか確定するために、人と話をしたり、データベースや引き出しいっぱいのニュースの切り抜きなどの資料をじっくり調べたりする。このような**コンテンツ要求（content requirements）**を定義するプロセスは、技術者がステークホルダーとフィーチャーについてブレインストーミングしたり、既存の文書をレビューするのとさほど変わらない。目的とアプローチは同じである。

　コンテンツ要求は、機能に影響することも多い。最近では、通常、純粋な
コンテンツサイトは**コンテンツマネジメント・システム**（**CMS**）で管理さ
れている。このシステムには、何十もの異なるデータソースから動的にペー
ジを生成する非常に大規模かつ複雑なものから、特定のタイプのコンテンツ
要素を最も効率的に管理するために最適化された軽量のツールまで、さまざ
まな形やサイズがある。専用のコンテンツマネジメント・システムの購入を
決めるかもしれないし、オープンソースのシステムを使うかもしれないし、
自力で一から作ることもあるかもしれない。いずれにしても、システムを自
分の組織とコンテンツに合わせて調整する必要があるだろう。

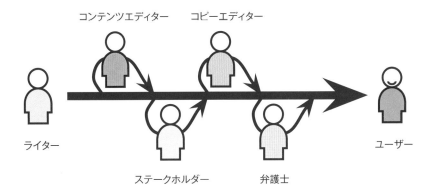

コンテンツマネジメント・システム
では、コンテンツの制作やユー
ザーへの配信に必要なワークフ
ローを自動化できる。

　コンテンツマネジメント・システム（CMS）に必要な機能性は、管理す
るコンテンツの性質によって異なる。複数の言語やデータフォーマットでコ
ンテンツを管理するなら、CMSはそうしたコンテンツ要素をすべて扱える
ものでなければいけないだろう。プレスリリースを出すのに、6人の部長と
弁護士の承認が必要なら、CMSはそうした承認プロセスをワークフローで
サポートしていなくてはならない。ユーザーの好みや使っているデバイスに
応じて、コンテンツ要素を動的に組み換えたいなら、CMSはそれだけ複雑
な配信ができるレベルでなければならない。

同様に、あらゆるテクノロジー製品の機能要求はコンテンツに影響する。環境設定画面に作業説明はあるだろうか？　エラーメッセージについてはどうだろう？　こうしたことを誰かが書く必要がある。ウェブサイトで「Null input field exception（Null 入力フィールドの例外）」のようなエラーメッセージを見るたびに、エンジニアのプレースホルダー・メッセージがそのまま最終製品になってしまったんだな、誰もエラーメッセージをコンテンツ要求にしなかったんだ、と思う。開発者が時間をかけて誰かにアプリケーションの内容を見てもらっていたら、数えきれないほどの技術的プロジェクトが計り知れないほど改善できたはずだ。

要求を定義する

　要求には、製品全体に適用するものがある。たとえば、ブランディングに関する要求や、サポートするブラウザや OS といった技術的な要求である。

　他の要求は、特定のフィーチャーにのみ適用される。人が要求と言うときは、大抵その製品に必要な、ひとつのフィーチャーの簡単な説明のことを考えている。

　要求の詳細レベルは、プロジェクトの具体的な範囲によって異なることがよくある。プロジェクトのゴールが非常に複雑なサブシステムの実装である場合、大規模なサイトと比べるとプロジェクトの範囲はかなり小さいかもしれないが、非常に高いレベルの詳細が必要になるかもしれない。逆に、非常に大規模なコンテンツプロジェクトでは、コンテンツの基盤が同質であるため（たとえば、機能的に同じである製品マニュアルの PDF が大量にあるなど）、コンテンツの要求は非常に一般的なものになる可能性がある。

　最も生産的な情報源になるのは常にユーザー自身である。しかし、多くの場合、要求はステークホルダー（組織内で製品の開発について何らかの発言

権を持つ人々）からもたらされる。

　いずれにしても、人々が何を求めているのかを知るには、訊いてみるのが一番だ。Chapter 3で紹介したユーザー調査の方法を使うと、ユーザーが製品に求めているフィーチャーの種類をより理解できるようになる。

　組織内のステークホルダーの協力を得て要求を定義する場合でも、ユーザーと直接対話する場合でも、プロセスから得られる要求は3つのカテゴリーに大別できる。まず、最も明らかなのが、人々が「欲しい」と言っているものだ。この中には明らかによいアイデアで、最終製品に採用されるものもある。

　人々が「欲しい」と言っていても、実際には欲しいものではないことがある。プロセスや製品で何か問題にぶつかったら、その解決策を想像するのは誰にでもよくあることだ。そうした解決策は実行不可能だったり、あるいは潜んでいる問題の原因より、むしろその症状に向けられていたりする。こうした提案をじっくり検討すると、潜んでいた本当の問題を解決するための、まったく異なる要求にたどりつけることもある。

　要求の3つ目のタイプは、人々が欲しいと気づいていないフィーチャーである。戦略目標とそれを満たす新しい要求について人々に話してもらうと、製品を維持・管理していても誰も思いつかなかった非常に優れたアイデアが出てくることがある。参加者がプロジェクトについて話し合い、その新たな可能性を探る機会であるブレインストーミングの演習から生まれることが多い。

　皮肉なことに、製品の制作や運用に最も深くかかわっている人ほど、その新しい方向性を想像できないものだ。既存の製品を維持することに時間を費やしていると、どの制約が現実で、どの制約が過去の選択の産物であるかをよく忘れてしまう。このため、組織内のさまざまな部門や、多様なユーザーグループから人を集めて行うグループでのブレインストーミングは、参加者がそれまで考えもしなかったような可能性に心を開くための、非常に有効なツールになる。

エンジニア、カスタマーサービス、マーケティング担当者が一堂に会して、ひとつのウェブサイトについて話すことは、誰にとっても有意義だ。自分たちがよく知らない観点からの意見を聞き、それに応える機会を得ることで、製品開発上の問題点や可能な解決策についてより広い視野で考えられるようになる。

　どんなデバイスに向けてデザインするにしても、あるいはデバイスそのものをデザインするにしても、一連のフィーチャーではハードウェアの要求も考慮する必要がある。カメラは付いているか？　GPS は？　ジャイロセンサー［訳注：角速度センサーとも呼ばれる］は？　これらを考慮することで、機能的な可能性が生まれ、そして制約される。

　要求を生み出すことで、障害を取り除く方法が見つかることが多い。たとえば、すでに購入を決めたユーザーがいると仮定しよう。ただ、あなたの製品を買うかどうかはまだ決めていない。ユーザーがあなたの製品を選び、購入プロセスをより簡単にするために、あなたのサイトは何ができるだろうか？

　Chapter 3 では、ユーザーのニーズを理解するために、ペルソナという架空の人物像を作成する方法を紹介した。要求を決定する際には、架空の人物を**シナリオ**と呼ばれるちょっとした物語に落とし込むことで、ここでもまたペルソナを利用できる。シナリオは短くてシンプルな物語で、ペルソナがユーザーニーズをどうやって満たそうとするのかを描写している。ユーザーが経験するであろうプロセスを想像することで、彼らのニーズを満たす潜在的な要求を考え出すことができる。

　また、競合他社を参考にすることもできる。同じ分野のビジネスに携わる人なら誰でも同じユーザーニーズを満たそうとしているだろうし、おそらく似たような製品目標を達成しようとしているはずだ。競合他社は戦略目標を

達成するために、特に効果的なフィーチャーを見つけているだろうか？　自分たちが直面しているのと同じトレードオフや妥協を、競合他社はどのように解決したのだろうか？

　直接的には競合していない製品でも、可能性のある要求の情報源として役立つことがある。たとえば、ユーザーが仲間とソーシャルグループを作ることができるゲーミングプラットフォームがある。自社のデジタルビデオ・レコーダーに似たフィーチャーを導入する際に、彼らのアプローチを採用したり、構築したりすることで、直接競合する企業よりも優位に立てるかもしれない。

機能仕様

　機能仕様は、ある方面では評判が悪い。プログラマーが仕様書を嫌うのは、仕様書はひどく退屈なことが多く、読むのに時間がかかり、その分、コードを作成する時間が減ってしまうからだ。結果として、仕様書は読まれなくなり、仕様書を作るのは時間のムダという印象を強めてしまう。仕様書に対してきちんと対応しないと、ただ作ればそれが仕様、というようなことになってしまう。

　機能仕様について文句をひとつ挙げると、「実際の製品を反映していない」ということがある。実装の過程で物事は変化する。これは誰もが理解しており、テクノロジーを扱うことの本質である。うまくいくと思っていたものがうまくいかないこともあるし、思っていたほどはうまくいかない、ということのほうが多いかもしれない。しかし、だからといって仕様書を書かなくてもよい理由にはならない。それどころか、実際に機能する仕様書の重要性を強調している。実装中に変更があり、仕様書なんて書いても無駄だ、とあきらめるのは間違っている。仕様の定義が製品開発と別のプロジェクトになってしまわないよう、仕様の定義プロセスを軽量化するのである。
　つまり、文書で問題は解決しないが、定義では解決する。ボリュームや詳

細の問題ではなく、明確さと正確さが重要になる。仕様書で製品のすべての側面を具体化する必要はなく、デザインおよび開発プロセスでの混乱を避けるために定義が必要なものだけで構わない。また、仕様書に製品の理想的な今後の状態を含める必要はなく、製品を作る過程で決まったことを示すだけでよい。

●書き留める

　プロジェクトがどんなに大規模で複雑でも、要求にはいくつかの一般的なルールが当てはまる。

　ポジティブであること。システムがしてはいけないことを記述するかわりに、そのやってはいけないことを防ぐためにシステムが何をするのか説明しよう。たとえば、まずポジティブでない例。

> このシステムでは、ユーザーは凧糸なしで凧を購入できない。

　以下のほうがよい。

> このシステムでは、ユーザーが凧糸なしに凧を購入しようとしたら、ユーザーを凧糸のページに導く。

　具体的であること。できるかぎり解釈の余地を残さないことが、要求を達成できたかどうかを判断する唯一の方法である。
　以下の例を見比べてほしい。

> 1. 最も人気のある動画がハイライト表示される。
> 2. 直近一週間の再生回数が多い動画がリストの上位に表示される。

　1つ目の例は、一見はっきりした要求のように見えるが、すぐに欠点が見えてくる。何をもって「人気のある」とするのか？　コメントが一番多い？「いいね」が一番多い？　ハイライト表示とは？

　2つ目の例では、「人気のある」が意味するところを定義し、ハイライト表示する仕組みを含めることで、ゴールを具体的に説明している。2番目の要求では違った解釈が生まれる余地を排除することで、実装中あるいは実装後に発生しがちな議論をほぼ回避する。

　主観的な表現は避けること。これは要求が具体的であることと、要求から曖昧さ、つまり誤解を生む可能性を排除することの別の方法である。

　以下は非常に主観的な要求の例。

> このサイトは、ヒップで派手なスタイルにする。

　要求は、検証可能でなければならない。つまり、要求が満たされていない場合、それを証明できなければならない。ヒップ［訳注：洒落た、トレンドに精通した］や派手といった主観的な品質が満たされているかどうかを証明するのは難しい。私が考えるヒップさとあなたの考えるヒップさはおそらく一致しないだろうし、CEOはまったくの別の考えを持っているだろう。

　だからといって、サイトがヒップであることを要求してはいけないということではない。ただ、どのような基準を適用するか指定する方法を考えればいい。

> このサイトは、郵便局員のウェインが期待するヒップさを満たす。

　本来であれば、ウェインはプロジェクトに口を挟むことはないが、プロジェクトのスポンサーが、彼のヒップな感覚を尊重してくれたのである。そのセンスがユーザーと同じだとよいのだが。けれど、より客観的に定義された基準ではなく、ウェインの承認に頼っているため、要求はかなり恣意的なもの

になっている。そこで、この要求はこうするとよいだろう。

> このサイトの外観は、会社のブランドガイドライン文書に準拠する。

　ヒップさという概念は、要求からすっかり姿を消した。かわりに、確立されたガイドラインへのはっきりした、明確な言及がある。ブランドガイドラインが十分にヒップなものであることを確認するために、マーケティング部長は郵便局員のウェインに相談するかもしれないし、10代の娘に意見を訊いてみるかもしれないし、ユーザー調査で得られた結果を参考にするかもしれない。何を参考にするかは部長次第だが、要求が満たされているかどうかを明確に言うことができる。

　また、いくつかの要求を定量的に定義することで、主観性を排除できる。成功測定基準が戦略目標を定量化するように、要求を定量的に定義することで、要求を満たしているかどうか確認することができる。たとえば、システムが「ハイレベルのパフォーマンスを有すること」ではなく、「システムが最低でも1000人の同時ユーザーをサポートするように設計されていること」と定義できる。そうすれば、最終製品で3桁のユーザーしかサポートできなければ、要求は満たされていないことがわかる。

コンテンツ要求

　コンテンツと言うと、大抵はテキストを指している。しかし、画像、音声、動画は付随するテキストよりも重要な場合がある。また、これら異なるタイプのコンテンツを組み合わせて、ひとつの要求を満たすこともできる。たとえば、スポーツイベントをカバーしたフィーチャーは写真やビデオクリップと一緒の記事にしてもよいだろう。フィーチャーにかかわるすべてのコンテンツタイプを特定することで、そのコンテンツの作成にどんなリソースが必要になるか（あるいは制作可能かどうか）、判断しやすくなる。

コンテンツの**フォーマット**と、コンテンツの**目的**を混同してはいけない。コンテンツ要求をステークホルダーと話し合うとき、大抵まず耳にするのが「FAQ が必要」ということだ。でも、「FAQ」という言葉が指しているのは、質問と答えが並んだものであって、コンテンツのフォーマットにすぎない。FAQ の本当の価値は、人々が共通して必要としている情報にすぐアクセスできるようにすることである。この目的は、他のコンテンツ要求でも達成することができる。しかし、フォーマットにこだわってしまうと、得てして目的自体は忘れられてしまう。FAQ の「Frequently（頻繁に）」という部分が無視され、コンテンツの提供者が FAQ の要求を満たすために考えた質問への回答になっていることが非常に多い。

各コンテンツの想定サイズは、ユーザーエクスペリエンスの意思決定に大きく影響する。コンテンツ要求には、テキストの文字数、画像や動画の解像度、音声ファイルや PDF 文書といったダウンロード可能な独立コンテンツのファイルサイズなど、各要素の大まかなサイズを記載する必要がある。これらのサイズ見積りは正確でなくてもよく、おおよそのサイズがわかれば十分だ。コンテンツに適した容量を設計するために、必要な情報を集めればよいだけである。小さなサムネール画像へのアクセスを提供するサイトをデザインするのと、フルスクリーンの写真へのアクセスを提供するサイトをデザインするのは異なる。コンテンツ要素のサイズをあらかじめ知っておくと、情報にもとづいた賢明な判断が可能になる。

各コンテンツ要素の責任者をできるだけ早く特定することが重要だ。戦略目標に照らした検証が済むと、どんなコンテンツの要素もとても素晴らしいアイデアに聞こえる――もし誰か他の人が作成・維持の責任を負うのであれば。誰が責任を負うのかを明確にせず開発を進めてしまうと、仮定の段階では誰もが気に入っていたフィーチャーが、実際に誰かが引き受けるには作業がきつすぎると判明し、結局サイトに穴が開いてしまうことになる。

そして、要求の策定中に人々が忘れがちなことがある。コンテンツは大変な作業である。最初の公開に間に合うよう、契約社員を雇ってコンテンツを作ることもできるかもしれない（または、よくありそうなこととして、マーケティングの誰かに担当させるとか）。しかし、誰がそれを最新の状態に保つのか？　コンテンツには（効果的なコンテンツであれば）、定期的なメンテナンスが必要で、コンテンツを投稿したら忘れてしまうようなやり方では、サイトがどんどん貧弱化し、ユーザーニーズを十分に満たせなくなってしまう。

　だから、すべてのコンテンツについて更新頻度をはっきりさせておかなければいけない。更新頻度はサイトの戦略目標にもとづいて決める。製品目標にもとづいて、どれくらいの頻度でユーザーに戻ってきてほしいのか？　ユーザーのニーズにもとづいて、どれくらいの頻度でユーザーは情報を更新してほしいのか？　しかし、ユーザーにとって理想の更新頻度（「すべてのことをすぐに、1日24時間知りたい！」）は組織にとって非現実的かもしれない。ユーザーの期待と利用可能なリソースとの間で無理のない妥協点を見つけ、更新頻度を決めていく必要があるだろう。

　異なるニーズを持つ多様なユーザーに対応しなければいけないサイトの場合、あるコンテンツがどのユーザーを対象としているかを知ることで、コンテンツをどのように表現するか、より適切に判断できる。子供向けの情報は、親向けの情報とは異なるアプローチが必要で、親子両方に向けた情報なら、また別のアプローチが必要になる。

　大量の既存コンテンツを扱うプロジェクトでは、要求を満たす情報の多くが**コンテンツインベントリー**（content inventory）に記録される。既存のサイトにあるコンテンツの棚卸しをするなんて、面倒なプロセスだと思われるかもしれないし、実際そのとおりだったりする。しかし、具体的な要求を持っておくことが重要であるのと同じ理由で、リストを持っておくことは重要だ。（通常、リストは非常に大きいものの、シンプルなスプレッドシート

の形式を取る。）チームの誰もが、ユーザーエクスペリエンスを作り上げる
ために何をすべきか正確に知っておくためである。

要求に優先順位をつける

　要求のアイデアを集めるのは難しいことではない。ふだんから製品に接し
ている人なら、組織の内外を問わず、大抵、追加できるフィーチャーのアイ
デアを少なくともひとつは持っている。厄介なのは、どのフィーチャーをプ
ロジェクト要件に含めるべきか取捨選択することだ。

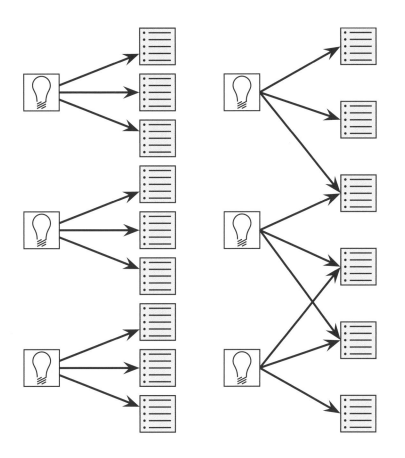

ひとつの戦略目標が複数の要求
になることもある（左）。また、ひと
つの要求が複数の戦略目標で役
立つこともある（右）。

実際、戦略目標と要求が単純に1対1で関係していることはかなり稀で、ひとつの要求が複数の戦略目標に適用されることもある。同様に、ひとつの目標が複数の異なる要求に関係することもよくある。

　要件は戦略の上に成り立っているため、戦略目標(製品目標とユーザーニーズの両方)を満たすかどうかを基準に、可能な要求を評価する必要がある。要件を定義すると、ここに検討事項がもうひとつ加わる。実際にそれを作るのが、どの程度、実現可能なのか？

　技術的に不可能なので実装できないフィーチャーもある。たとえば、ユーザーがどんなに望んでいても、ウェブを通じて製品の匂いを嗅ぐことはまだできない。他のフィーチャー、特にコンテンツの場合は、人的・金銭的なリソースが不足しているために実現できないものもある。他には、時間の問題もある。そのフィーチャーは実装に3ヶ月かかるが、2ヶ月で公開するよう役員から求められている場合などである。

　時間の制約なら、フィーチャーのリリースを先送りしたり、今後のプロジェクトのマイルストーンとすることもできる。リソースの制約の場合、いつもではないが、技術や組織の変更によってリソースの負担が軽減され、実装が可能になることもある（ただ、無理なものは無理だ。申し訳ないが）。

　独立して存在するフィーチャーはほとんどない。ウェブサイトのコンテンツのフィーチャーであっても、そのコンテンツをどのように使うのが最適かユーザーに伝えることを、周囲のフィーチャーに頼っている。そのため、必然的にフィーチャー同士の間で軋轢が生じる。首尾一貫した全体像を作り出すために、他のフィーチャーとのトレードオフが必要になることがある。たとえば、ユーザーはワンステップで注文を送信したいかもしれない。しかし、このサイトで使っている複雑なレガシーデータベースでは、すべてのデータを一度に処理できない。では、ステップをいくつかに分けたプロセスにしたほうがよいだろうか、それともデータベースシステムを作り直したほうがよいだろうか？　どちらを選ぶかは戦略目標次第である。

　フィーチャーの提案にも注意してほしい。ビジョン記述書の策定中には明白でなかった戦略の変化を示していることがある。プロジェクト戦略に沿っていないフィーチャーの提案は、定義上、どれも要件外である。しかし、そうした提案が前述のいずれの制約にも当てはまらず、よいアイデアに思えるようなら、いくつかの戦略目標を再検討したほうがよいだろう。ただ、戦略の多くの側面を見直すことになるとしたら、要求定義に踏み切るのが早すぎたのかもしれない。

　戦略記述書やビジョン記述書で、戦略目標間の優先度について明確な階層が特定されている場合、それが提案されたフィーチャーの優先度を決める主な要因となる。しかし、2つの異なる戦略目標で相対的にどちらが重要かはっきりしない場合もある。そうした場合、フィーチャーがプロジェクト要件として最後まで残るかどうかは、企業政治の問題になることが多い。

　ステークホルダー（利害関係者）が戦略を語るとき、大抵、フィーチャーのアイデアから始まり、その根底にある戦略的要素へと話を戻さなければならない。ステークホルダーにはフィーチャーと戦略を切り離して考えるのが難しいので、特定のフィーチャーを支持する形になることが多い。このように、要求定義プロセスは、意欲的なステークホルダー間の交渉の問題になる。

　この交渉プロセスを管理するのは難しい。ステークホルダー間の対立を解決する最良の方法は、定義された戦略に訴えることだ。戦略目標を達成するために提案された手段ではなく、戦略目標にフォーカスする。あるフィーチャーにこだわっているステークホルダーに、そのフィーチャーが満たす戦略目標は、他の方法で対処できると保証できれば、そのステークホルダーは「自分の意見が無視された」とは感じないだろう。正直なところ、これは、言うは易く行うは難し、であることが多い。フィーチャーに関する対立の解決には、ステークホルダーのニーズに共感を示すことが欠かせない。技術者に対人スキルはいらない、なんて誰が言ったのだろう？

THE STRUCTURE PLANE

CHAPTER 5
構造段階

INTERACTION DESIGN AND
INFORMATION ARCHITECTURE
インタラクションデザインと情報アーキテクチャ

定義した要求の優先順位を決めると、最終製品に何が含まれるのか、はっきりと見えてくる。しかし、要求では、各パーツがどのように組み合わされて全体としてのまとまりを形成するのかが記述されていない。そこで、ここで要件から次のレベルへと進み、サイトの概念的な構造を構築していこう。

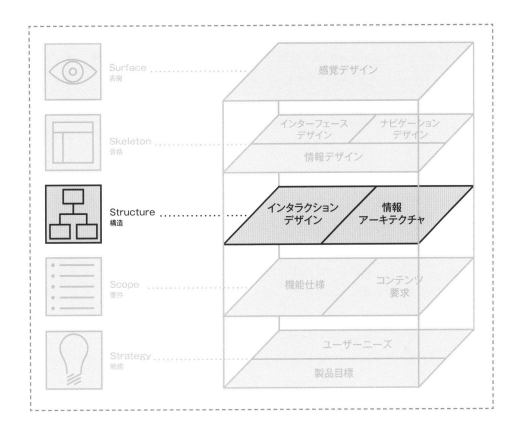

構造を定義する

　構造の領域は5つの段階のうち3番目にあたる。ここで論点は、戦略や要件といった抽象的な問題から、具体的な要素へと移行し、最終的にどんなエクスペリエンスがユーザーにもたらされるのかが決まる。しかし、抽象的と具体的の境界線はぼやけることがある。ここでの決定の多くは、最終製品に対し、はっきり目に見える影響を及ぼすが、決定自体は依然、概念的な問題に大きくかかわっている。

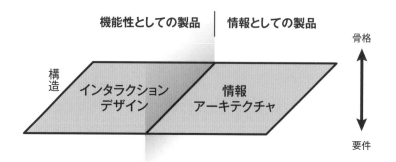

　従来のソフトウェア開発では、ユーザーに対して構造化されたエクスペリエンスを作り上げる分野は**インタラクションデザイン**として知られている。インタラクションデザインは、「インターフェースデザイン」と一緒くたに扱われていたが、今ではインタラクションデザインはそれ自体ひとつの分野として認識されるようになった。

　コンテンツ開発では、ユーザーエクスペリエンスを構造化していくことは**情報アーキテクチャ**の問題であり、歴史的に、図書館学、ジャーナリズム、テクニカルコミュニケーションなど、コンテンツの組織化やグループ分け、順序づけ、プレゼンテーションに関係してきた数々の学問分野にもとづいている。

　インタラクションデザインと情報アーキテクチャはいずれもユーザーに提示される選択肢のパターンや順番を定義することに重きを置く。インタラクションデザインは、タスクを実行し完了するための選択肢にかかわるもので、情報アーキテクチャはユーザーへの情報伝達にかかわる選択肢を扱う。

　「インタラクションデザイン」「情報アーキテクチャ」なんて言うと、非常に技術的な領域のようで、やけに難解そうだと思われるかもしれない。しかし、この学問分野は実はそれほど技術的ではない。どちらも人を理解すること、つまり**人々の行動や考え方を理解すること**に関する分野である。この理解を製品の構造に組み込むことで、製品を使う人々のエクスペリエンスを成功に導くことができる。

インタラクションデザイン

　インタラクションデザインとは、ユーザーがどのような行動を取りうるかを示し、その行動にシステムがどのように対応するかを定義することである。人が製品を使うとき、ユーザーと製品がある種のダンスをしているような状況になる。ユーザーが動けば、システムがそれに応える。またユーザーがシステムに応じて動き、ダンスは続いていく。しかし、これまでのソフトウェア設計では、このダンスはあまり意識されてこなかった。すべてのアプリケーションが少しずつ違うダンスをするので、ユーザーが適応できないのも無理はないと考えられてきたようだ。システムは自分の仕事をするだけでよく、多少ユーザーのつま先を踏んでしまっても、それは学習プロセスの一部である、と。でも、ダンサーなら誰もが言うことだが、「ダンスを本当に成功させるには、それぞれの参加者が相手の動きを予測しなければならない」。

　従来、プログラマーはソフトウェアの2つの面、「何をするか」と「どのようにするか」に注目し、関心を持ってきた。これにはもっともな理由がある。こうした細部への情熱があってこそ、プログラマーとしての仕事がうま

くできるのだから。しかし、そうすると、プログラマーは技術的に最も効率的な方法でシステムを構築することに集中し、ユーザーにとって最適な方法を考慮しなくなってしまう。特に、演算能力に限界があった頃には、技術的な制限の中で仕事をこなすのが最良の方法だった。

テクノロジーにとってベストなアプローチと、それを使う人間にとってベストなアプローチが一致することはほとんどない。かくして、ソフトウェアは「複雑で、わかりにくく、使いにくい」という評判につきまとわれてきた。ユーザーとソフトウェアがうまくやっていくには「コンピュータリテラシー（人々にコンピュータ内部の仕組みを教えること）」しかない、と広く考えられてきた。

長い時間がかかったが、人々がどのようにテクノロジーを使うかがわかるにつれ、「機械にとって最適なソフトウェアをデザインするのではなく、機械を使う人にとって最適なソフトウェアをデザインすれば、コンピュータリテラシー向上のためのプログラミング講習に文書整理係を送り込むようなことは不要になる」という考えにたどりついた。ソフトウェア開発者を助け、これを実現するために生まれた新しい分野がインタラクションデザインである。

● 概念モデル

自分たちが作成したインタラクティブコンポーネントの振舞い方に対して、ユーザーが抱いた印象のことを、**概念モデル**（Conceptual models）と言う。たとえば、ある機能を、ユーザーが消費するものとして扱うのか、ユーザーが訪れる場所として扱うのか、ユーザーが手に入れる物として扱うのか、サイトによってアプローチは異なる。概念モデルを知ることで一貫したデザイン上の判断が可能になる。重要なのは、コンテンツ要素が場所であるか物であるかではなく、サイトが一貫した扱いをすることである。あるときは場所として、またあるときは物として要素を扱う、ということではいけない。

たとえば、eコマースサイトによく見られる「ショッピングカート」コン

ポーネントの概念モデルはコンテナである。この比喩的な概念は、コンポーネントのデザインにも、インターフェースで用いる言葉にも影響する。コンテナは物が入っているものなので、「カートに物を入れる」、「カートから物を取り出す」ことになる。システムは、これらのタスクを行うための機能を提供しなければならない。

コンポーネントの概念モデルが、現実世界の別のものに似ているとする。たとえば、カタログオーダー・フォームのようなものとしよう。従来のカートでは追加・取出だった機能が、オーダー・フォームの場合は編集機能になるかもしれない。購入プロセスを完了するチェックアウトというメタファーを使うかわりに、注文を送信するかもしれない。

小売店モデルも、カタログモデルも、ユーザーがウェブ上で注文するには最適のように思われる。では、どちらを選べばよいのだろう？　小売店モデルはウェブ上で広く使われているので、**慣習**と化している。ユーザーが他のウェブサイトで買い物することが多いなら、この慣習に従ったほうがよいだろう。人々がすでに馴染んでいる概念モデルが使われていれば、見慣れないサイトでもユーザーが適応しやすくなる。もちろん、慣例を打ち破ることもまったく問題ない。そうするだけの理由があり、かわりに使う概念モデルがユーザーのニーズをきちんと満たすものであれば。慣れない概念モデルは、ユーザーが正しく理解・解釈できて初めて効果を発揮する。

概念モデルは、システム内の特定のコンポーネントだけを対象とする場合もあれば、システム全体を対象とする場合もある。ニュース & 評論サイトの Slate が公開されたとき、その概念モデルは実際の雑誌だった。サイトには表紙と裏表紙があり、すべてのページにはページ番号と、ユーザーが「ページをめくる」ためのインターフェース要素があった。しかし、雑誌の概念モデルはウェブではあまり効果的でないことがわかり、Slate はこの概念モデルをやめてしまった。

概念モデルをユーザーにはっきり伝える必要はない。実際、伝えてしまうとユーザーの助けになるどころか混乱させるだけ、ということもある。それよりも、インタラクションデザインの開発全体で一貫した概念モデルを使うことがより重要だ。ユーザー自身がサイトに持ち込むモデル（小売店のように機能するのか？　カタログのように機能するのか？）を理解すると、最も効果的な概念モデルを選択できる。理想的には、自分たちが採用している概念モデルをユーザーに説明する必要はない。サイトを使い、「こうなるはず」というユーザーの暗黙の期待とサイトの振舞いが一致することで、ユーザーは直感的に概念モデルを理解できる。

　システムの機能を現実世界になぞらえたメタファーにもとづいて概念モデルを作ることには価値があるが、メタファーを文字どおりに捉え過ぎないことが重要だ。かつて Southwest Airlines（サウスウエスト航空）のサイトのトップページは、カスタマーサービス・デスクの絵だけで構成されていた。一方にはパンフレットの束があり、もう一方には電話があるといったもので、このサイトは長年「概念モデルの行き過ぎた例」として取り上げられてきた。予約することは電話をかけることに似ているかもしれないが、だからといって予約システムを電話で表現する必要はない。Southwest Airlines は悪い例として取り上げられることに嫌気がさしたのか、サイトのメタファーは減り、かなり機能的になった。

© 1996, Southwest Airlines Co.

● エラーハンドリング

　インタラクションデザインのプロジェクトでは、ユーザーエラーへの対応が大部分を占める。ユーザーがミスをしたときにシステムは何をするのか、そもそもミスを未然に防ぐためにシステムは何ができるのか。

　エラーに対する最初で最良の防御策は、エラーが起こらないようにシステムを設計することだ。たとえば、オートマチック・トランスミッション（自動変速装置）を搭載した車がその好例である。変速中に車を発進させると、繊細で複雑な変速メカニズムにダメージを与えてしまう。さらに、車は実際には発進せず、突然前方へと飛び出してしまう。車にとっても、ドライバーにとっても、たまたま車の前を歩いていた人にとってもひどい事態になりうる。

　これを防ぐため、オートマチック・トランスミッションを搭載した車は、変速を解除しないとスターターが作動しないように設計されている。変速中に車を発進させることは不可能なので、エラーは起こりようがない。残念ながら、ユーザーエラーの大半をこのように不可能にするのはそれほど簡単ではない。

エラーが起こらないよう次にできることは、できるかぎりエラーが起こりにくくすることである。しかし、そうした手段を講じても、いくつのかエラーはどうしても起こってしまう。この段階では、システムはユーザーがエラーを理解し修正できるよう対応するべきだ。ユーザーのかわりにシステム自体がエラーを修正できることもある。しかし、ソフトウェア製品の最もイライラする振舞いのいくつかは、ユーザーエラーを修正しようとする善意の努力の結果なので、注意が必要である。（Microsoft Word を使ったことがある人なら、何を言いたいかわかるだろう。Word にはありがちなエラーを修正する機能が山ほどあるが、私はいつもその機能をオフにしている。修正を修正し続けることになって仕事にならないので。）

　わかりやすいエラーメッセージや解釈しやすいインターフェースがあれば、さまざまなエラーが起こった後でも、ユーザーが発見する手助けになる。しかし、システムによる発見が遅れ、エラーとわからないユーザーのアクションもある。こういった場合、システムはユーザーがエラーから回復できる方法を提供すべきだ。この方法で最もよく知られている例は有名なアンドゥ（Undo：取り消す）機能だが、エラーの回復はさまざまな形式を取りうる。回復できないエラーに対して、システムができるのはたくさんの警告を発することだけで、もちろん、この警告はユーザーが実際に気づいて初めて効果を発揮する。何度も「よろしいですか？」と確認すると、本当に重要なものが見落とされ、確認することで助けられるユーザーよりも迷惑をかけてしまうユーザーのほうが多くなってしまうこともある。

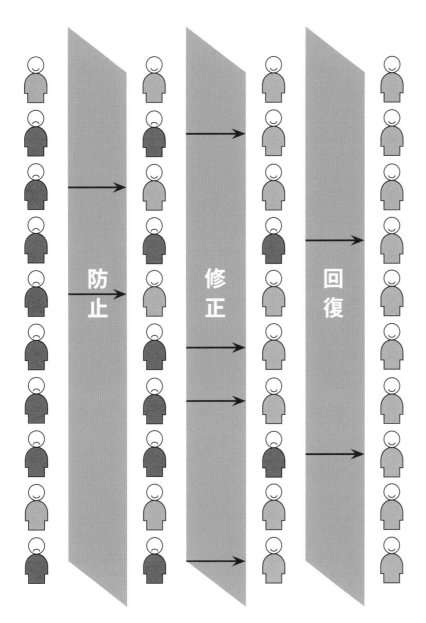

防止　修正　回復

情報アーキテクチャ

　情報アーキテクチャは新しい考え方だが、実は古くからあり、人間のコミュニケーションと同じくらい古いものと言える。人は伝えたい情報があるかぎり、その情報を他の人が理解し利用できるよう、どのように構成するか選択しなければならなかった。

　情報アーキテクチャは人が認知的にどう情報を処理するかに関係しているため、ユーザーが提示された情報を理解する必要がある製品では、情報アーキテクチャに関する検討事項が出てくる。もちろん、（企業情報サイトのような）情報を主とする製品ではこういった検討事項は重要だが、（携帯電話のような）機能性を主とする製品でも大きな影響を与えることがある。

●コンテンツを構成する

　コンテンツサイトの情報アーキテクチャは、ユーザーがサイト内のコンテンツを効率的かつ効果的に閲覧できるよう、組織やナビゲーションの仕組みを作ることである。ウェブの情報アーキテクチャは、ユーザーが簡単に情報を見つけられるようシステムをデザインする情報検索の分野と密接な関係がある。しかし、ウェブサイト・アーキテクチャには、人が物事を見つける手助け以上のことが求められる。多くの場合、ユーザーを教育し、情報を提供し、説得することが求められる。

　一般的に、情報アーキテクチャの問題では、自分たち自身のサイトの目標、満たそうとしているユーザーのニーズ、サイトに組み込まれるコンテンツに対応した分類体系を作成する必要がある。こうした分類体系の作成には、トップダウン型とボトムアップ型の2つの方法がある。

　情報アーキテクチャへの**トップダウンアプローチ**では、製品目標とユーザーニーズという戦略段階の検討事項を理解したうえで、直接アーキテク

チャを形成していく。戦略目標を達成するために必要なコンテンツと機能性を大まかに分類し、その分類を論理的なサブセクションに分けていく。このカテゴリーとサブカテゴリーの階層が、コンテンツと機能性を嵌め込むための骨組みとなる。

　情報アーキテクチャへの**ボトムアップアプローチ**もまたカテゴリーとサブカテゴリーを生み出すが、これらはコンテンツおよび機能性の要求分析にもとづいている。既存の資料（または、サイトの公開までに用意されるもの）をもとに、項目を集め、低レベルのカテゴリーにまとめ、さらにそれらを高レベルのカテゴリーにまとめることで、製品目標とユーザーニーズを反映した構造を目指す。

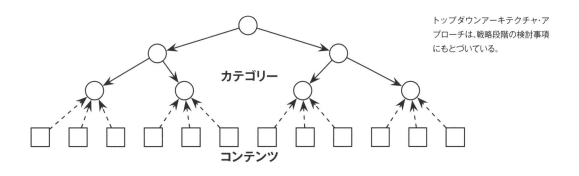

カテゴリー

コンテンツ

トップダウンアーキテクチャ・アプローチは、戦略段階の検討事項にもとづいている。

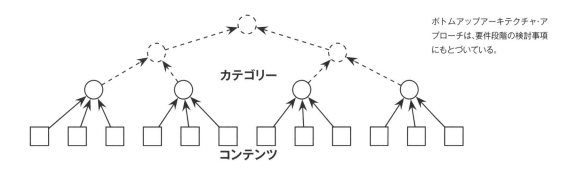

カテゴリー

コンテンツ

ボトムアップアーキテクチャ・アプローチは、要件段階の検討事項にもとづいている。

どちらのアプローチにも優劣はない。トップダウンアプローチでは、コンテンツ自体の重要な細部が見落とされてしまうことがある。一方、ボトムアップアプローチでは、既存のコンテンツ向けに緻密に調整されたアーキテクチャになってしまい、変更や追加に柔軟に対応できなくなることがある。トップダウンとボトムアップのバランスを取ることが、最終的にこういった落とし穴を回避する唯一の方法である。

　アーキテクチャのどのレベル、どのセクションでも、特定の数のカテゴリーにこだわる必要はない。ユーザーとそのニーズに合ったカテゴリーであればよい。サイト構造の品質を評価する方法として、タスク完了に必要なステップ数や、ユーザーが特定の目的地に到達するのに必要なクリック数を数えたがる人がいる。しかし、最も重要なのはステップ数ではなく、各ステップがユーザーにとって意味のあるものかどうか、前のステップから自然に次に続いているかどうか。ユーザーは間違いなく、わかりにくく詰め込まれた3ステップよりも、明確に定義された7ステップのプロセスを好むだろう。

　ウェブサイトは生き物だ。常にケアと栄養供給を必要とし、当然、時とともに成長・変化していく。大抵の場合、新しい要求が2、3個追加されたからといって、サイトの構造全体を考え直す必要はない。効果的な構造の特徴のひとつは、成長に対応し、変化に適応する能力である。しかし、新しいコンテンツが蓄積していけば、いずれサイトに適用されている整理の原則を再検討する必要がある。たとえば、プレスリリースを日ごとに見ていけるようなアーキテクチャを考えてみよう。ほんの数ヶ月分しかプレスリリースがないなら、問題ないだろう。しかし、数年後にはトピック別に整理したほうがより実用的かもしれない。

　サイトの構造も含め、ユーザーエクスペリエンス全体は、運営目標とユーザーのニーズを理解したうえで作られる。サイトで達成したいことが再定義されたり、サイトが満たすべきニーズが変わったら、それに合わせてサイト

構造を検討し直す準備をしてほしい。といっても、構造的な変更の必要性があらかじめ知らされることはほとんどない。その必要性に気づく頃には、ユーザーはもうひどい目に遭っている。

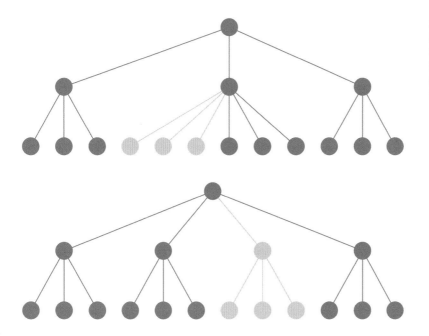

アーキテクチャに適応性があると、セクション内に新規コンテンツを追加することができる（上図）。また、まったく新しいセクションを追加することもできる（下図）。

● アーキテクチャ的アプローチ

　情報構造の基本単位は**ノード**（**node**）である。ノードは、ひとつの数字（商品の価格など）のように小さなものから図書館全体のように大きなものまで、どんな情報の断片やグループにも対応できる。ページ、文書、コンポーネントではなくノードを扱うことで、共通の言語と構造的な概念を多様な問題に適用できる。

また、ノードを抽象化することで、対象とする詳細レベルを明示的に設定できる。ほとんどのウェブサイト・アーキテクチャのプロジェクトは、サイト上のページの配置にのみ関心がある。ページを基本レベルのノードとすることで、それより小さいものは扱わないことが明確になる。ページ自体がプロジェクトにとって小さすぎる場合は、各ノードをサイトのセクション全体に対応させてもよい。ページが大きすぎる場合は、ノードをページ内の個々のコンテンツ要素、ページをノードのグループとして定義することができる。

　これらのノードはさまざまな方法で整理できるが、構造は一般的なほんの数種類のクラスに大別できる。

　階層型構造（**ツリー構造**、**ハブ＆スポーク**構造と呼ばれることもある）では、ノードは関係する他のノードと親子関係を持つ。子ノードは、親ノードが表す広範なカテゴリーの中の、より狭い概念を表す。すべてのノードに子があるわけではないが、構造全体の親ノード（あるいはツリー（木）のルート（根））に至るすべてのノードに親がある。階層関係の概念はユーザーによく理解されており、ソフトウェア自体、階層的に機能する傾向があるので、このタイプの構造は非常に一般的だ。

階層型構造

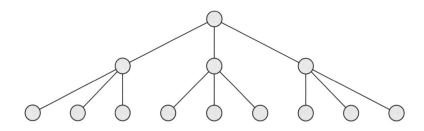

　マトリクス構造では、ユーザーは2つ以上の次元に沿ってノードからノードへ移動できる。マトリクス構造では、それぞれのユーザーニーズをマトリクスのひとつの軸に関連づけることができるため、異なるニーズを持つユーザーが同じコンテンツをナビゲートできて便利だ。たとえば、製品を色別にブラウズしたいユーザーと、サイズ別にブラウズしたいユーザーがいた場合、マトリクスは両方のグループに対応できる。だが、主要なナビゲーションツールとしてユーザーに使ってもらおうとすると、4次元以上のマトリクスは問題を引き起こす可能性がある。4次元以上の動きを視覚化できるほど、人間の脳はよくできていない。

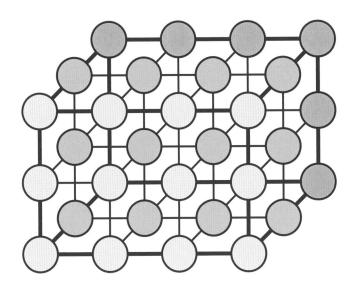

マトリクス構造

　有機構造は、一貫したパターンに従おうとするものではない。ノードはケースバイケースで接続されており、アーキテクチャにセクションの強い概念はない。有機構造は、関係がはっきりしなかったり、発展途上である一連のトピックを探求するのに適している。しかし、有機構造では、ユーザーがアーキテクチャのどこにいるのか認識しづらい。エンターテインメントサイトや教育サイトであるように、自由な発想でコンテンツ探索を楽しんでもらいた

いなら、有機構造を選ぶのもよい。しかし、ユーザーが同じコンテンツまで確実に戻る必要があるなら、有機構造は難しい。

有機構造

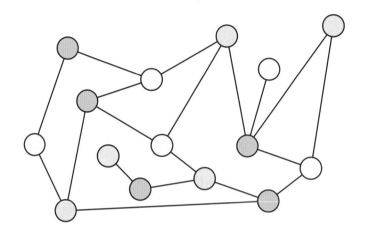

　シーケンシャル（**順次的**）構造は、オフラインのメディアで最も慣れ親しまれている構造で、実際、あなたは今シーケンシャル構造を体験している。言葉のシーケンシャルな流れは、情報アーキテクチャの最も基本的なタイプであり、脳にはこれを処理できる能力が備わっている。本、記事、音声、動画はどれもすべてシーケンシャルに体験するようデザインされている。ウェブでのシーケンシャル構造は、個々の記事やセクションなどの小規模な構造に用いられることが多く、大規模なシーケンシャル構造は、ユーザーニーズを満たすためにコンテンツの表示順が重要なもの、たとえば、操作手順書などに限られる傾向がある。

シーケンシャル構造

● 組織化原則

　情報構造のノードは、**組織化原則**に従って配置される。最も基本的なレベルでは、組織化原則を基準とし、どのノードをグループ化し、どのノードをまとめずそのままにしておくか決定する。サイトのエリアやレベルに応じて、異なる組織化原則が適用される。

　たとえば、企業情報サイトなら、ツリー構造のトップ付近に「個人」、「法人」、「投資家」といったカテゴリーを置くかもしれない。このレベルでは、組織化原則はコンテンツが意図するユーザーだ。別のサイトではトップレベルのカテゴリーに「北アメリカ」、「ヨーロッパ」、「アフリカ」などを置くこともあるだろう。世界中のユーザーニーズを満たす場合、組織化原則として地理を使うのもひとつのアプローチである。

　一般的に、サイトの最上層レベルに用いる組織化原則は、製品目標およびユーザーニーズと密接に結びついている。アーキテクチャの最下層レベルでは、コンテンツや機能要求に特有の問題が、使うべき組織化原則に大きく影響し始める。

　たとえばニュース系コンテンツのサイトでは、時系列が最も重要な組織化原則になる。ユーザーにとっても、サイトの制作者にとっても、タイムラインがただひとつの最も重要な要素である（ユーザーは現在の出来事に関する情報を得るためにニュースサイトを見るのであって、過去のことを知りたいわけではない。また、サイトの運営者は、競争力を維持するためにコンテンツのタイムラインを強調する必要がある）。

アーキテクチャの次のレベルでは、よりコンテンツと密接に結びついた要素の出番となる。スポーツニュースのサイトでは、コンテンツは「野球」、「テニス」、「ホッケー」といったカテゴリーに、もっと一般的なサイトでは「国際ニュース」、「国内ニュース」、「地方ニュース」といったカテゴリーに分けられるだろう。

　情報の集まりは、構成要素が2項目でも200項目でも2000項目でも、固有の概念的構造を持つ。実際、通常だと2つ以上の概念的構造が存在する。これは解決しなければならない問題の一部だが、単に構造を作ることが難題なのではなく、製品目標とユーザーニーズに合った構造を作ることが難題なのである。

　たとえば、サイトに自動車に関する膨大な情報が含まれているとする。組織化原則のひとつとして、情報を車の重量別に並べることが考えられる。そうするとユーザーがまず目にするのは、データベース上で最も重い車の情報であり、その次は2番目に重い車、そして最も軽い車へと続いていく。

　消費者向けの情報サイトとしては、この情報の並べ方は間違っているだろう。ほとんどの人が、ほとんどの場合、車の重さなど気にしない。メーカー、モデル、車のタイプで組織化するほうが、ユーザーにはより適しているだろう。一方、もしサイトのユーザーが日常的に車を海外輸送するビジネスのプロであれば、重量は非常に重要な要素となる。これらの人々にとって、燃費やエンジンタイプといった品質はあまり重要ではない。

　これらの属性は、図書館学の用語では**ファセット（facets：分類の切リロ）**として知られている。ファセットは、ほとんどどんなコンテンツに対してもシンプルで柔軟な組織化原則を提供できる。しかし、前述の例にあるとおり、間違ったファセットを使ってしまうくらいなら、何も使わないほうがましだ。この問題に対する一般的な対応策として、考えられるすべてのファセットを組織化原則として配置し、ユーザーに重要なものを選んでもらうことが考えられる。

　残念ながら、扱っているのがほんの2、3個のファセットから成る非常に単純な情報でないかぎり、このアプローチではアーキテクチャが手に負えないほどの混乱状態になってしまう。並べ替えのオプションが多すぎて、ユーザーは何も見つけられない。すべての属性を並べ替え、重要なものを選び出す、という負担は、ユーザーではなく、作る側が負うべきだ。戦略はユーザーニーズを、要件はユーザーニーズを満たすためにどんな情報が必要かを示してくれる。構造を作る際には、情報の中でユーザーにとって最も重要な側面を特定する。ユーザーの期待を予想し、説明できることが、ユーザーエクスペリエンスの成功につながる。

●言語とメタデータ

　構造が、テーマとなっている問題に対する人々の考え方を完璧に表現していたとしても、用いられている**命名法（サイトで用いられる説明、ラベル、その他の用語）**を理解できなければ、ユーザーはアーキテクチャをどうすればいいかわからない。このため、ユーザーの言葉を使い、その言葉の使用に一貫性を持たせることが重要である。一貫性を保つために使うツールを**制限語彙**という。

　制限語彙は、サイトで用いる標準的な用語を集めただけのものだ。ここでもユーザー調査が欠かせない。ユーザーと話し、彼らのコミュニケーションの仕方を理解することで、ユーザーが自然に感じられる命名法の体系を最も効果的に作ることができる。また、ユーザーの言葉を反映した制限語彙を作り、それを守ることで、組織内のジャーゴン（内輪の用語）がサイトに紛れ込むのを避け、ユーザーの混乱を未然に防ぐことができる。

　制限語彙は、コンテンツ全体に一貫性を持たせるうえでも役に立つ。コンテンツ制作の担当者が隣同士に座っていようと、それぞれ別の大陸にあるオフィスにいようと、制限語彙は全員が確実にユーザーの言葉を話すための決定的なリソースになる。

語彙を管理する、より洗練されたアプローチとして、**シソーラス（類語集）**の作成がある。承認された用語の単なるリストとは違って、シソーラスには一般的に使用されるがサイトでの使用は承認されていない代替用語も記録される。シソーラスがあれば、仲間内のジャーゴン、略語、俗語、頭字語（頭文字をとって略した用語）などを承認されている用語に対応づけることができる。シソーラスには、より広義な言葉、狭義な言葉、関連用語といったタイプの用語も含まれ、推奨されることがある。これらの関係を文書化することで、コンテンツに含まれる概念の全体像を把握することができ、更なるアーキテクチャ的アプローチの提案につながる。

　制限語彙やシソーラスがあると、特に**メタデータ**を含むシステムの構築に役立つ。「メタデータ」という用語は単に「情報についての情報」を意味し、コンテンツの一部を描写するための、構造化されたアプローチのことを指している。
　ここで、あなたの最新の製品がボランティアの消防団でどのように使われているか書かれた記事を扱っているとする。この記事に含まれるメタデータには、以下のようなものがある。

・執筆者名

・投稿日時

・投稿内容のタイプ（例：ケーススタディ、記事）

・製品名

・製品のタイプ

・顧客の業種（例：ボランティアの消防団）

・関連情報（例：地方自治体、救急サービス）

　どんなアーキテクチャ的なアプローチをとることができるかを考える際に、上のような情報があれば幅が広がるが、なければ難しい（まったく不可能ではないにしても）。要するに、コンテンツの詳しい情報があればあるほど、

コンテンツの構造に柔軟性を持たせることができる。突然「救急サービスは利益の大きな市場としての潜在力があり、参入するべきだ」ということになったら、上記のようなメタデータを使って新しいセクションをすばやく作成し、既存のコンテンツを使って、新市場のユーザーニーズを満たすことが可能になる。

　しかし、データ自体に一貫性がなければ、メタデータを収集・追跡しようと技術的システムを作成してもうまくいかない。ここで制限語彙が役に立つ。コンテンツ上、一意である各概念に対してひとつの用語だけを用いることで、コンテンツ要素間のつながりの定義を自動化できる。メタデータ内で使用する用語に一貫性を持たせるだけで、ある特定のトピックについてすべてのページを動的にリンクさせることが可能になる。

　さらに、メタデータが優れていると、ユーザーは検索エンジンで基本的な全文検索をするよりもすばやく、確実にサイトの情報を見つけられるようになる。検索エンジンは強力な場合もあるが、一般に、かなり、ものすごく、頭が悪い。文字列を入力すると、その文字列そのままを探しに行ってしまう。何を意味するのかわからないまま。

　検索エンジンとシソーラスをつなぎ、コンテンツに対してメタデータを提供すると、エンジンをより賢くすることができる。検索エンジンがシソーラスを参照できれば、禁止用語の検索を優先用語にマッピングし、優先用語のメタデータを確認できる。まったく検索結果が得られない状態から脱し、ユーザーはターゲットが絞られた、関連性の高い結果を得ることができる。さらに、他に関心がありそうな関連テーマについてのお勧めも得られるかもしれない。

チームの役割とプロセス

サイト構造（命名法やメタデータの詳細から、情報アーキテクチャとインタラクションデザインの全体像まで）の説明に必要な文書は、プロジェクトの複雑さの度合いによって大幅に異なる。階層構造に大量のコンテンツを持つプロジェクトの場合、シンプルなテキストでアウトラインを作って、アーキテクチャを文書化すると効果的だ。場合によっては、スプレッドシートとデータベースを使うことで、複雑なアーキテクチャのニュアンスをつかみやすくなることもある。

しかし、情報アーキテクチャやインタラクションデザインで最もメジャーな文書化ツールはダイアグラムである。構造をビジュアルに表現することで、サイトのコンポーネント間の分岐、グループ、相互関係を最も効率的に伝えることができる。ウェブサイトの構造というのは本質的に複雑で、この複雑さを言葉で伝えようとすると、間違いなく誰も読んでくれない。

ウェブ初期の頃、こうしたダイアグラムは「サイトマップ」と呼ばれていた。でも、サイトマップという言葉は、サイト上のあるナビゲーションツールのことも指していた（Chapter 6 で詳しく説明しよう）。なので、内部でサイトの構造を表す言葉としては、今では**アーキテクチャダイアグラム**（**architecture diagram**）のほうが好まれている。

ダイアグラムには、全ページの全リンクを記録する必要はない。実際、大抵の場合はそこまで詳しいレベルまで書いてしまうと紛らわしくなり、チームが本当に必要としている情報がぼやけてしまう。重要なのは、どのカテゴリーが一緒になり、どのカテゴリーはまとめないのか？　一連のインタラクションのステップはどのようにまとまるのか？　といった、概念的な関係を文書化することである。

　私のキャリアの初期には、プロジェクトごとに同じ基本的なインタラクション構造を何度も表現しなければならないことがあった。そこで、自分のアイデアをサイトダイアグラムで表現する方法を標準化し始めた。使う図形一式を決めて、図形それぞれの意味を定義した。

　作成したシステムに、サイト構造をダイアグラム化できる、Visual Vocabulary（視覚語彙）がある（次ページ図）。2000 年に初めてウェブに投稿して以来、世界中の情報アーキテクトやインタラクションデザイナーが取り入れてきた。

Visual Vocabularyに関する情報は、著者のウェブサイト（www.jjg.net/ia/visvocab）で入手できる。サンプルダイアグラムを確認したり、ツールのダウンロードも可能だ。

　多くの組織では、構造の問題に責任を持つ、フルタイムのユーザーエクスペリエンス・デザイナーを雇うが、他の組織では、構造の責任は意識的に計画されるのではなく、唐突に誰かがやることになったりする。結局誰が構造に責任を持つかは、組織の文化やプロジェクトの性質に依ることが多い。

　膨大なコンテンツを持つサイトや、インターネット上で大きな存在感を持つ組織においてサイトの構造を決定する責任は、コンテンツ開発、編集、マーケティングコミュニケーション部門などにあり、はじめはマーケティング活動と見られていた。組織が歴史的に技術系の人間によって率いられていたり、内部文化が技術志向であった場合、構造に関する責任は、ウェブサイトを担当している技術プロジェクトのマネージャーに落ち着くのが普通だった。

　構造関係の問題を担当するフルタイムの専任者がいれば、どんなプロジェクトでも役に立つ。この専任者のタイトルは「インタラクションデザイナー」になることもあるが、「情報アーキテクト」のほうが好まれる。肩書きに惑わされないように注意しよう。たしかに、情報アーキテクトの中にはサイトコンテンツの組織化スキームやナビゲーション構造を専門にしている人もいる。だが、大抵の場合は違う。情報アーキテクトはインタラクションデザインの問題についてある程度経験を積み、逆にインタラクションデザイナーも構造に関する経験を積むようになる。情報アーキテクチャとインタラクションデザインの問題は密接に関係していることが多いため、「ユーザーエクス

Visual Vocabularyは、アーキテクチャをダイアグラム化するシステムだ。非常に単純なアーキテクチャ（上図）から、非常に複雑なアーキテクチャ（下図）まで幅広く適用できる。詳しくはwww.jjg.net/ia/visvocab参照。

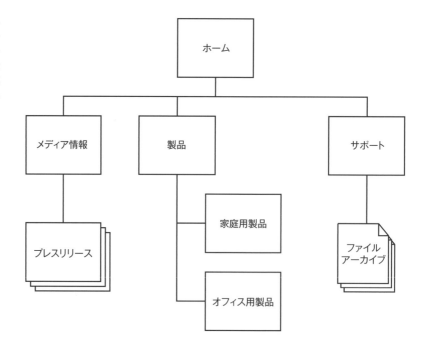

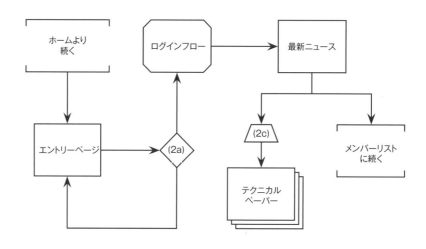

ペリエンス・デザイナー」はこれらのスキルを持つ人のための一般的なタイトルとなっている。

　あなたの組織では、情報アーキテクトをフルタイムの正社員として雇うほど進行中の仕事がないかもしれない。もしウェブ開発することのほとんどが既存コンテンツの更新で、数年ごとに全サイトの再設計を行う以外の新規開発があまりないなら、社員として情報アーキテクトを雇ってもおそらく資金の無駄になる。しかし、常に新しいコンテンツと機能がサイトに追加されるなら、ユーザーエクスペリエンス・デザイナーがいれば、ユーザーのニーズを満たすと同時に自分たちの戦略目標を満たす、最も効果的なやり方で作業を管理できるようになる。

　構造的な問題に対処する専門家がいるかどうかは重要ではない。重要なのは、そうした問題に誰かが対処することだ。あなたが計画しようとしまいと、サイトには構造が存在する。明確な構造計画にもとづいて構築されたサイトなら、あまり頻繁に総点検しなくてもよく、サイトオーナーのために具体的な成果を上げてくれ、ユーザーのニーズを満たすものになる。

THE SKELETON PLANE

CHAPTER 6
骨格段階

INTERFACE DESIGN, NAVIGATION DESIGN,
AND INFORMATION DESIGN
インターフェースデザイン、ナビゲーションデザイン、情報デザイン

戦略目標から生じる大量の要求を、概念的な構造で形にしていく。そして、骨格段階では、その構造にさらに磨きをかけ、インターフェース、ナビゲーション、情報デザインの具体的な側面を特定し、無形の構造を明確な形あるものにしていく。

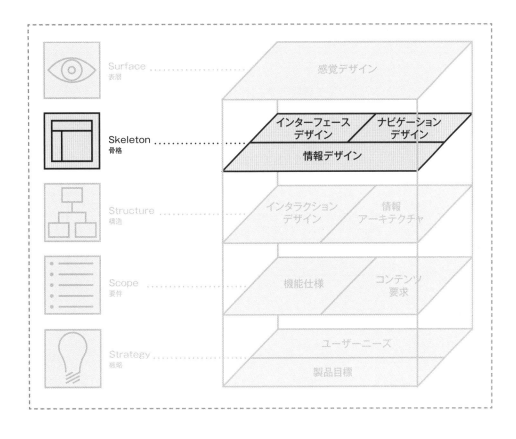

骨格を定義する

　前章で説明した構造段階では、「製品がどのように機能するのか」を定義する。骨格段階では、「その機能性がどのような形をとるのか」を定義する。プレゼンテーション面のより具体的な問題に加え、より詳細なレベルの問題に対処していく。構造段階では、アーキテクチャとインタラクションにおける大規模な問題を見てきた。骨格段階では、主に個別のコンポーネントとその関係という、より小規模な内容を扱っていく。

　機能性側では、**インターフェースデザイン**を通じて骨格を定義する。インターフェースデザインとは、ボタン、フィールド、その他のインターフェースコンポーネントなどおなじみのものを指す。一方、情報製品には独特の問題がある。**ナビゲーションデザイン**は、情報空間の表現に特化したインターフェースデザインである。そして、両方に共通しているのが、効果的に情報を伝える表現である**情報デザイン**だ。

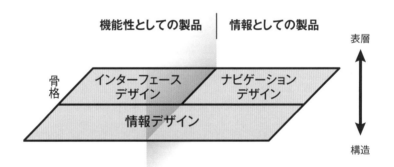

　これら3つの要素は、この本で紹介している他のどの要素よりも密接に結びついている。ナビゲーションデザインの問題が、情報デザインの問題に混ざってきたり、情報デザインで疑問があると思ったら、ナビゲーションデザインの問題だったり、ということはよくある。

　要素間の境界は曖昧になることもあるが、懸念事項を別々の領域として認識しておくと、ふさわしい解決策に落ち着いたかどうか、より適切に評価できる。ナビゲーションデザインがよくても、ひどい情報デザインは修正できない。だから、各分野で問題がどう違うのか理解していないと、本当に解決できたのかわからなくなってしまう。

　ユーザーが何かをするための機能を提供していれば、それはインターフェースデザインになる。インターフェースは、仕様書で定義され、インタラクションデザインで構造化された機能性にユーザーが実際に触れるための手段である。

　ユーザーにどこかの場所へ行く機能を提供していれば、それはナビゲーションデザインになる。情報アーキテクチャは、開発したコンテンツ要求に構造を適用した。ナビゲーションデザインは、ユーザーが構造を見ることができるレンズであり、ユーザーが構造内を動き回ることができる手段である。

　ユーザーにアイデアを伝えるのであれば、それは情報デザインになる。情報デザインはこの段階の3つの要素で最も幅広く、機能性側と情報側の両方でこれまで目にしてきたほぼすべてのものを取り入れたり、活用できる可能性がある。情報デザインは、タスク指向の機能性と情報指向のシステムの間の境界を越える。インターフェースデザインもナビゲーションデザインも、優れた情報デザインのサポートがなければ十分に成功できないからだ。

慣例とメタファー

　習慣と反射は、周囲の世界との多くのインタラクションの基盤である。実際、多くの行動を反射的にとれなければ、日々達成できることはかなり減ってしまう。初めて車を運転したときのことを考えてみよう。いくら運転しても運転がまったく楽にならないなんて、想像できるだろうか？　運転の能力、料理の能力、携帯電話を使う能力など、ものすごく集中してくたくたにならなくてもタスクをこなせるのは、ちょっとした反射が蓄積しているからだ。

　慣例があると、こうした反射を違う状況でも適用できる。かつて私が乗っていた車は、友人が運転すると必ずトラブルを起こした。車のエンジンをかけて、友人たちがまずすることといったら、フロントガラスの洗浄だった。「フロントガラスが汚れている」と思ったからではない（たぶん汚れていたが）。ヘッドライトを点けようとして、洗浄してしまったわけだ。私の車では、ヘッドライトを点けるコントロールが友人たちの慣例と違っていたのである。

　電話も慣例の重要性を示すよい例だ。時折、ボタンの配置が標準の「横3列 ×縦4列」と違う電話機が製造される。たとえば、6つのボタンが2列になったものや、4つのボタンが3列だったりする。ボタンを円形に配置したものも出てくることがあるが、そうした電話はレアな存在になってきている（デザインのベースになったダイアル式の電話はテクノロジーの中で忘れ去られようとしているから）。

　配置が変わったからといって、大した違いはないように思える。しかし、大きな違いが生じる。ボタンの配置が標準と異なることで、ボタンを押すのにどれくらい時間がかかるのか計ってみると、1回の電話につき3秒くらいだとわかる。それほど大した違いではない。しかし、ユーザーにしてみれば、その3秒は単なる時間の無駄ではない。只々フラストレーションに満ちている。ユーザーは慣例という支えを急に失ったことで、反射タスクが苦痛になるほど遅くなるからだ。

　実際、電話の「3×4」の配列に人々が非常によく馴染んでいるので、電話とは関係ない電子レンジやリモコンなどでも「3×4」が標準になってい

る。面白いことに、この分野でのスタンダードは電話機のパッドだけではない。「テンキー」スタンダードは昔の電卓キーパッドに使われていたが（これは電話機のキーパッドを反転させたものだが）、今では計算機やコンピュータのキーボード、ATM、レジで使われているし、データ入力に特化した在庫システムのようなアプリケーションでも使われている。スタンダードはひとつだとよいが、いずれのスタンダードでも「3 × 4」の配列が使われていることで、人々は比較的容易に適応できる。

「ひたすら慣例に固執すれば、あらゆるインターフェースの問題は解決する」と言っているわけではない。そうではなく、慣例以外のことをする場合は単に注意が必要で、明らかな利点がある場合のみ、異なるアプローチを用いるほうがよい。成功するユーザーエクスペリエンスを作るには、どんな選択をするにも明確な理由が必要になる。

　自分のインターフェースと、ユーザーが既に馴染んでいる他のインターフェースに一貫性を持たせることは重要だが、それ以上に重要なのは、自分のインターフェースが一貫していることだ。製品内部で一貫性を確保するには、製品のフィーチャーの概念モデルが役に立つ。もし2つのフィーチャーがあり、概念モデルが同じなら、インターフェース要求も類似すると思われる。いずれの場所でも同じ慣例を使うことで、一方に慣れたユーザーが他方にもすぐに適応できる。

　フィーチャーの概念モデルが異なっていても、それらに共通して適用されるアイデアは、概念モデルがどこに現れるにしろ、同じように扱われるべきだろう（完全に同じ扱いではないにせよ）。「スタート」、「終了」、「戻る」、「保存」といった概念は、多様なコンテクストで存在する。これらを一貫して扱うことで、ユーザーはシステムの他の部分を使って習得したことを応用でき、より少ないミスでより速くゴールにたどりつける。

　インタラクションデザインの根本にある概念モデルを文字どおりに受け取り過ぎてはいけない。同様に、**メタファー**を中心に製品を構築する、という

衝動に負けてはいけない。製品のフィーチャーのメタファーはかわいくて楽しいものだが、ほとんど思うように機能しない。実際、まったく機能しないことも多い。

　場合によっては、現実世界のインターフェースに倣って、特定の機能のインターフェースデザインを真似たくなるかもしれない。先に挙げた Slate のナビゲーションの例では、本物の雑誌のようにページを「めくる」ことができた。現実世界のインターフェースやナビゲーションデバイスの多くは、物理や物質の特性といった、現実世界の制約から生まれた。ウェブサイトや他のソフトウェアなどの画面ベースの製品には、こういった制約はほとんどない。

　サイトのフィーチャーと現実世界の人々の経験を結びつければ、それらのフィーチャーを理解してもらう、よい手助けになるかもしれない。しかし、この手のアプローチは、フィーチャーの性質を明らかにするというより、曖昧にしてしまうことが多い。あなたにとってはフィーチャーとメタファー的な表現の関連は明らかでも、そのユーザーが適用する可能性のある数々の関連のひとつに過ぎない。ユーザーが異なる文化背景を持っていれば、特にそうだ。同じ絵を見ても「この小さな電話の絵は何を表しているんだろう？」「この絵から電話をかけられる？」「留守番電話を聞ける？」「電話料金を支払える？」など、思い浮かべることはさまざまである。

　もちろん、メタファーが何を表現しているのか、ユーザーがより推測できるよう、サイトのコンテンツがある程度コンテクストを提供する必要がある。しかし、提供するコンテンツと機能性に幅があるほど、ユーザーの推測は外れやすくなる。それに、いずれにしても、常に間違った推測をする人はいる。ユーザーが推測しなければならないようなことは、まとめて排除したほうがよりよい（よりシンプルな）ものになるだろう。

　メタファーを効果的に使うことで、ユーザーが製品の機能性を使いこなすために必要な心理的負担を軽減できる。電話帳のアイコンで実際の電話番号ディレクトリを表すのは問題ない。しかし、コーヒーショップの絵でチャットエリアを表現しようとするのはちょっと問題がある。

インターフェースデザイン

　インターフェースデザインとは、ユーザーが達成しようとしているタスクに適したインターフェース要素を選択し、それらの要素を理解しやすく使いやすく画面上に配置することである。タスクは複数画面にまたがって行われることが多く、ユーザーは各画面に配置された異なるインターフェース要素に対応しなければならない。どの機能をどの画面に配置するかは、構造段階のインタラクションデザインの問題であり、これらの機能が画面上でどのように実現されるかは、インターフェースデザインの領域になる。

　成功しているインターフェースでは、ユーザーはすぐ重要なものに気づく。逆に、ユーザーは重要でないものに気づかない。重要でないものがまったく存在しないこともある。複雑なシステムのインターフェースをデザインするうえで最大の難題のひとつは、ユーザーが扱う必要のない部分を見つけ出し、画面上での表示を減らす（あるいは、全部まとめて排除する）ことだ。

　プログラミング経験のある人がこの考え方に慣れるにはちょっと時間がかかる。自分たちが慣れ親しんだ考え方とは、かなり違っているからだ。優れたプログラマーは、常に「最も発生しにくそうなシナリオ」（プログラミング用語で「エッジケース（edge case）」）を考慮に入れる。つまり、プログラマーにとって最高の成果は、決して破綻しないソフトウェアを作ることである（エッジケースを考慮しなかったプログラミングは、思いもよらないような極端な状況下で破綻しやすい）。だから、プログラマーはすべてのケースを等しく扱うよう訓練されている。たとえそのケースに該当するユーザーが1人だろうと、1000人だろうと。

　だが、このアプローチはインターフェースデザインには通用しない。少数の極端なケースと、大多数のユーザーのニーズを同じように考えるインターフェースでは、どちらのユーザーも満足させることができない。優れたインターフェースデザインは、ユーザーがとるであろう行動を認識し、それらの

インターフェース要素に最もアクセスしやすく、使いやすく作られている。

　だからといって、ユーザーが選びそうなボタンを一番大きくすればユーザーインターフェースの問題がすべて解決するわけではない。インターフェースデザインには、ユーザーがゴールを達成するためのさまざまな仕掛けがある。簡単な仕掛けのひとつは、最初にインターフェースで表示されるデフォルト選択項目をよく考えて決めることだ。ユーザーのタスクとゴールから、多くの場合、簡潔な検索結果より詳細な検索結果が好まれる、と考えたとする。この場合、デフォルトで「もっと詳しく表示」チェックボックスをチェックしておくと、わざわざチェックボックスのラベルを読んで、自分で選択しなくても、自動的に詳細な検索結果が表示されるので、より多くの人が検索結果に満足するだろう。さらに、ユーザーが前回選択した項目を自動的に記憶する仕組みを用意できるとよいが、これはぱっと見で思うよりずっと技術的な離れわざが必要で、開発チームによってはうまく実装するのが非現実的だったりする。

　テクノロジーツールとフレームワークには固有の技術的な制約があるので、利用できるインターフェースオプションは限られる。これには悪い点も、良い点もある。悪い点は、イノベーション（革新）のチャンスを限定してしまう。あるテクノロジーでは可能なインターフェースアプローチも他のテクノロジーでは実現できない場合がある。しかし、わずかな標準コントロールさえ覚えれば、ユーザーはその知識を幅広い製品で使えるので、この状況はよいとも言える。

　インターフェースの慣習は変わらないように見えるが、非常にゆっくりと変わっていく。新しいテクノロジーが登場すると、既存の慣習を見直したり、新しい慣習を考え出したりする必要が出てくる。ユーザーエクスペリエンス・デザイナーは、ジェスチャーコントロールやタッチスクリーン・デバイスのようなテクノロジーの新しい慣習を模索し続ける。さまざまな画面ベース

の製品で使われている標準コントロールのほとんどは、macOS や Windows といったデスクトップコンピュータの OS に端を発しており、標準になったインターフェース要素もある。

チェックボックス（Checkboxes）では、ユーザーは互いに独立したオプションを選択できる（複数選択も可）。

☐ Checkboxes are independent   チェックボックスは独立
☑ So they can come in groups   だからグループでもよいし

☐ Or stand alone   ひとつだけでもよい

ラジオボタン（Radio buttons）では、ユーザーは 1 セットの相互排他的なオプションの中からひとつだけ選択できる。

○ Radio buttons   ラジオボタンは
○ Come in groups   グループになっていて
○ And are used to make   相互排他的な
◉ Mutually exclusive selections   選択をするために
○ Burma-Shave   作られている

テキストフィールド（Text fields）ではユーザーは…ええっと、テキストを入力できる。

Text input fields let you input text

テキストフィールドでは、テキストを入力できる

ドロップダウンリスト（Dropdown lists）はラジオボタンと同じ機能だが、よりコンパクトなスペースに収まるため、より多くのオプションを効率的に表示できる。

Dropdown lists work like radio buttons ⇕

ドロップダウンリストはラジオボタンのように機能する

107

リストボックス（List boxes）はチェックボックスと同じ機能だが、より
コンパクトなスペースに収まる（スクロールできるので）。ドロップダウン
同様、大量のオプションを簡単にサポートできる。

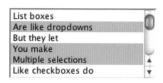

List boxes
Are like dropdowns
But they let
You make
Multiple selections
Like checkboxes do

リストボックスは
ドロップダウンと似ているが
違う点は
チェックボックスでできるように
複数の選択が
できるところだ

アクションボタン（Action buttons）ではさまざまなことができる。一般
に、アクションボタンは、ユーザーが他のインターフェース要素を介して提
供した他のすべての情報を受け取り、その情報を使って何かする（アクショ
ンを実行する）ようシステムに指示する。

Buttons perform actions

ボタンはアクションを実行する

　さまざまなインターフェース要素であれこれやってみて、その中から選ぶ
ことにはトレードオフがつきものだ。確かに、ドロップダウンリストを使え
ば、ラジオボタンを使うよりもスペースは節約できる。しかしドロップダウ
ンリストでは、選べる選択肢をユーザーから隠してしまう。検索したいカテ
ゴリーをユーザーに入力してもらえばデータベースの負荷は小さくなるが、
ユーザーの負担が大きくなってしまう。選択肢が6つだけならチェックボッ
クスあたりが妥当かもしれない。

ドロップダウンリストでは重要な
選択肢が隠れて見えないため、
ユーザーの妨げになることがあ
る(左)。ラジオボタンではすべて
の選択肢を簡単に表示できるが
(右)、インターフェース上でス
ペースをより多く必要とする。

追加項目選択
Additional options:

gift wrap ▲▼
ギフト包装

追加項目選択
Additional options:

✓ gift wrap
　 pancakes
　 a pony

ギフト包装
パンケーキ
ポニー

追加項目選択
Additional options:

◯ gift wrap ギフト包装
◯ pancakes パンケーキ
◉ a pony 　 ポニー

ナビゲーションデザイン

　ウェブのナビゲーションをデザインするのは簡単なように見える。どのページにもリンクを貼って、ユーザーに動き回ってもらえばよい。しかし、少しやってみると、ナビゲーションデザインの複雑さがわかる。どんなサイトのナビゲーションデザインでも、次の3つのゴールを同時に達成しなければならない。

- 1つ目として、ナビゲーションデザインは、ユーザーがサイトのある地点から別の地点へと移動できる手段を提供しなければならない。すべてのページにすべてのページからリンクを貼る方法は非現実的（現実にできるとしても、よい考えではない）なので、ナビゲーション要素は、実際のユーザーがスムーズに行動できるよう選択する必要がある。ちなみに、貼ったリンクは切れていないこと。
- 2つ目として、ナビゲーションデザインは、ナビゲーションに含まれる要素同士の関係を伝えなければならない。単にリンクの一覧を提供するだけでは不十分だ。「これらのリンクは互いにどう関係しているのか？」「あるリンクは他のリンクより重要なのか？」「それぞれのリンクはどう違うのか？」など、ユーザーがどんな選択肢があるのか理解するために、こうしたことを伝える必要がある。
- 3つ目として、ナビゲーションデザインは、ナビゲーションの内容とユーザーが見ているページの関係を伝えなければいけない。「これらのナビゲーションは、自分が今見ているものと何か関係があるのだろうか？」これを伝えることで、ユーザーはどの選択肢が目指すゴールやタスクのサポートに最も適しているか理解できる。

　情報を主とする製品やウェブサイトでなくても、上記の3点は考慮に値する。すべての機能がひとつのインターフェースに収まらないかぎり、ユーザーが進むべき道を見つけるためのナビゲーションが必要になる。物理空間なら、

人はある程度、生来の方向感覚に頼ることができる（もちろん、いつも迷ってばかりの人もいるが）。しかし、物理空間で方向感覚を助けるこの脳のメカニズム（「えーと、入ってきた入り口は後ろの左側だと思うんだけど」のような）は、情報空間で道を探し当てるのにはまったく役に立たない。

　だからこそ、ウェブサイト上のすべてのページで、「今、自分はサイトのどこにいるのか」、「ここからどこへ行けるのか」を明確にユーザーに伝えることが非常に重要である。情報空間において、どの程度ユーザーが自分の位置を把握しているかは、論議のあるところだ。ある人は「ウェブサイトを訪れる際、金物店や図書館を訪れる場合と同様に、ユーザーは頭の中で小さな地図を作っている」と強く主張し、またある人は「ユーザーは目の前にあるナビゲーションや経路探索のヒントに頼り切っていて、サイトで歩を進めるそばからその記憶は消えていく」と主張する。

　人々がウェブサイトの構造をどうやって（またはどの程度）頭に入れているのか、我々にはわからない。わからないなら、「ユーザーはページを移動すると、それまでのことを覚えていない」と仮定するのがベストだろう（結局、Googleのような公開検索エンジンがあなたのサイトをインデックスすると、どのページもサイトへの入り口になりうるのだから）。

　大抵のサイトは、複数の**ナビゲーションシステム**を提供している。それぞれが特定の役割を果たすことで、ユーザーがさまざまな状況でうまくサイトをナビゲートできるようになっている。実際、いくつかの一般的なナビゲーションシステムが生まれている。

　グローバルナビゲーション（Global navigation）は、サイト全体へのアクセスを提供している。ここで使われる「グローバル」は、必ずしもサイトの全ページにナビゲーションがあるということではない。悪い考えではないが。（サイト全体にナビゲーション要素がある場合は、「不変の（Persistent）」という言葉を使っている。念のためだが、不変のナビゲーション要素は必ずしもグローバルではない。）そのかわり、グローバルナビゲーションでは、ユー

ザーがサイトの端から端まで移動するのに必要とする主要なアクセスポイントをまとめている。サイトのすべての主要セクションにリンクするナビゲーションバーは、グローバルナビゲーションの典型的な例だ。グローバルナビゲーションを使えば、どこへでも（最終的には）行くことができる。

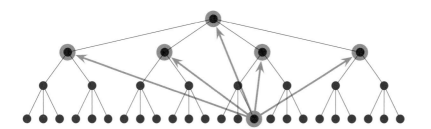

グローバルナビゲーションの概念図。

　ローカルナビゲーション（Local navigation）は、アーキテクチャ内で「すぐ近く」にあるものへのアクセスを提供している。厳密な階層アーキテクチャでは、ローカルナビゲーションでアクセスできるのはページの親、兄弟、子かもしれない。サイトのコンテンツに対するユーザーの考え方を反映したアーキテクチャが構築されていれば、ローカルナビゲーションは他のナビゲーションシステムよりも多く利用されるだろう。

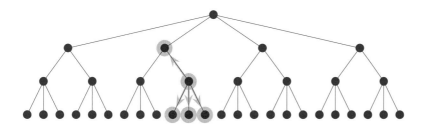

ローカルナビゲーションの概念図。

サブナビゲーション（Supplementary navigation）は、グローバルナビゲーションやローカルナビゲーションではすぐにアクセスできない、関連コンテンツへの近道を提供している。このタイプのナビゲーションスキームには、5章で出てきたファセット分類の利点がある（この分類のおかげで、ユーザーは最初からやり直さなくても、視点を変えてコンテンツの探索を続けていける）。そしてその一方でサイトは主に階層的なアーキテクチャを維持することができる。

サブナビゲーションの概念図。

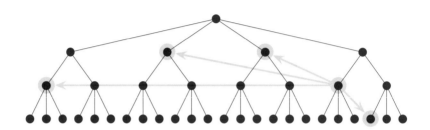

　コンテクストナビゲーション（Contextual navigation）（「インラインナビゲーション」と呼ばれることもある）は、ページのコンテンツ内に埋め込まれている。このタイプのナビゲーション（たとえば、ページのテキストのハイパーリンク）は、十分利用されない、または誤って利用されることが多い。ユーザーはテキストを読んでいると、「もうちょっと情報が必要だ」と思うことがある。ユーザーにページ上で適切なナビゲーション要素を探させる（最悪の場合、検索エンジンへと急がせる）かわりに、関連するリンクをそこに置いてはどうだろう。

　戦略段階へと遡るが、ユーザーとユーザーニーズをより深く理解することで、より効果的なコンテクストナビゲーションを展開することができる。ユーザーのタスクやゴールを明確にサポートしていなければ、つまり、テキストがハイパーリンクだらけで、自分のニーズに合ったリンクをユーザーが選べないようなら、コンテクストナビゲーションは（当然ながら）乱雑だとみなされるだろう。

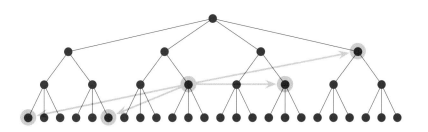

優先ナビゲーション（Courtesy navigation）は、ユーザーが定期的に必要としないが、便宜上よく提供されるアイテムへのアクセスを提供している。物理的な世界では、小売店は入り口に営業時間を掲示している。ほとんどの顧客にとっては、大抵の場合、この情報は大して役に立たない。その店が営業しているかどうかは一目見ればわかる。しかし、その情報を知っていれば、本当に必要になったらすぐ役に立つ。連絡先情報、フィードバック用のフォーム、方針文へのリンクは、よく見られる優先ナビゲーションである。

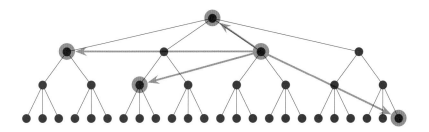

優先ナビゲーションの概念図。

　ナビゲーションの中には、ページの構造内に埋め込まれているが、単独で機能しており、サイトのコンテンツや機能性から独立しているものもある。これらは**リモートナビゲーション・ツール**と呼ばれ、提供された他のナビゲーションシステムにユーザーが不満を感じたときや、ナビゲーションシステムを一目見て「わかろうとさえしないほうがいい」と思ったときに使われる。

サイトマップは一般的なリモートナビゲーション・ツールで、サイト全体のアーキテクチャを、簡潔な1ページのスナップショットとしてユーザーに提供している。サイトマップは、サイトの階層的な「アウトライン」として示されることが多く、すべてのトップレベル・セクションへのリンクと、その下にインデントされた主要な第2階層セクションへのリンクを提供している。通常、サイトマップでは上位2階層までしか表示しない。一般に、ユーザーはそれ以上深い階層を必要としないので。（仮に必要なら、上層のアーキテクチャに何か問題があるのだろう）。

　インデックスはトピックをアルファベット順に並べ、該当ページにリンクを貼ったものである。本の後ろにあるインデックス(索引)によく似ている。このタイプのツールが効果的なのは、幅広いテーマを扱った、大量のコンテンツがあるサイトだ。それ以外の場合、大抵はサイトマップときちんと計画されたアーキテクチャがあれば十分である。インデックスはサイトのコンテンツ全般をカバーするというより、サイトの個別のセクション用に作られることもある。異なる情報ニーズを持つ、異なるユーザー向けにセクションがあるなら、このアプローチが役に立つ。

情報デザイン

　情報デザインをはっきり定義するのは難しい。情報デザインは他のデザイン要素をくっつける接着剤として機能することが多い。いずれにしても、情報デザインとは、情報をどのように見せれば、人々がより使いやすく、より理解しやすくなるか判断することである。

　情報デザインではビジュアル面を扱うこともある。そのデータを表現するには、円グラフが最適なのか、それとも棒グラフのほうがユーザーのためになるのか？　また、サイトを検索するという概念は、双眼鏡のアイコンで十分伝わるだろうか、それとも虫眼鏡のほうがわかりやすいだろうか？

　情報デザインでは、情報をグループ分けしたり、配置したりすることがある。我々は、よく見る情報が特定の方法でグループ分けされているのを見慣れているので、このようなデザインの側面を当たり前に思っている。たとえば、この項目リストを見てみよう。

- 州
- 役職
- 電話番号
- 番地
- 名前
- 郵便番号
- 組織名
- 市町村
- メールアドレス

これはちょっと混乱しやすい。普通は以下のようになっていると思う。

- 名前
- 役職
- 組織名
- 市町村
- 州
- 郵便番号
- 電話番号
- メールアドレス

この並び方はもう少しはっきりさせることもできる。

- 個人情報
- 名前
- 役職
- 組織名
- 住所
- 番地
- 市町村
- 州
- 郵便番号
- その他連絡先情報
- 電話番号
- メールアドレス

これは非常に簡単な例だが、もう少し違った項目のリストだともっと難しくなる。

- パワーリミット
- ローターサイズ
- タンク容量
- トランスミッションタイプ
- 平均角速度
- シャーシスタイル
- 最大出力

　もちろん重要なのは、ユーザーの考え方を反映し、ユーザーのタスクやゴールをサポートするよう、情報要素をグループ分けし、並び替えることだ。これらの要素の概念的な関係は、まさにミクロレベルの情報アーキテクチャであり、情報デザインはその構造をページ上で伝える必要があるときに役立つ。

　インターフェースはユーザーからの情報を集めるだけでなく、ユーザーに情報を伝える必要があることから、インターフェースデザインの問題にも情報デザインがかかわってくる。エラーメッセージは、インターフェースを成功させるための典型的な情報デザインの問題だ。操作指示情報の提供も、ユーザーに実際に読んでもらうことが最大の課題だ。システムがインターフェースをうまく使えるようユーザーに情報を提供しなければならないとき（その理由がユーザーが間違ったからでも、ユーザーが始めたばかりだからでも）はいつでも情報デザインの問題なのである。

● 経路探索

　情報デザインとナビゲーションデザインが連携して行う重要な機能のひとつに、自分がどこにいるのか、どこに行けばいいのかを理解してもらうための**経路探索（Wayfinding）**がある。経路探索の考え方は、物理的な世界における公共空間のデザインから来ている。公園、店舗、道路、空港、駐車場など、いずれの場所でも経路探索の工夫から恩恵を受けている。たとえば駐車場では、車を止めた場所を覚えやすくするために色分けして手がかりを与えることがある。空港では、案内標識、地図、その他の標識や表示で、経路を見つけることができる。

　ウェブサイトでは、一般的に経路探索にナビゲーションデザインと情報デザインの両方が必要になる。サイトで用いるナビゲーションシステムは、サイトのさまざまなエリアへのアクセスを提供するだけでなく、これらの選択肢を明確に伝えなければならない。優れた経路探索により、ユーザーは「自分たちがどこにいるのか」、「どこへ行けるのか」、「どの選択肢を選べば目標

に近づけるのか」をすぐに把握できる。

　経路探索の情報デザイン要素には、ナビゲーションの機能を持たないページ要素も含まれる。たとえば、駐車場の例のように、ユーザーがどのセクションを見ているかを示すために色分けして成功しているウェブサイトもある（しかし、色分けは単独で使われることはほとんどなく、他の経路探索システムを強化するために使われる）。他にアイコン、ラベリングシステム、タイポグラフィーといった選択肢もあり、ユーザーが自分の現在地（you are here）の感覚を強めるために使われることがある。

ワイヤーフレーム

　ページレイアウトは、情報デザイン、インターフェースデザイン、ナビゲーションデザインが一体となって、まとまりのある骨格を形成する場である。ページレイアウトには、アーキテクチャの異なる視点を伝えるためにデザインされたさまざまなナビゲーションシステム、ページ上のあらゆる機能性に必要なすべてのインターフェース要素、これら両方をサポートする情報デザイン、そしてページコンテンツ自体の情報デザインを組み込む必要がある。

　一度にすべてのバランスをとるのは大変なので、ページレイアウトについては、ページの概略図や**ワイヤーフレーム**と呼ばれる文書で詳しく説明される。ワイヤーフレームは、ページを構成するすべての要素と、それらをどのように組み合わせるかを（その名のとおり）必要最低限、示したものである。

ロゴ		優先ナビゲーション
グローバルナビゲーション		
経路探索のヒント		

ヘッダ画像

Pack my box with five dozen liquor jugs. How razorback-jumping frogs can level six piqued gymnasts! We dislike to exchange job lots of sizes varying from a quarter up. The job requires extra pluck and zeal from every young wage earner.

A quart jar of oil mixed with zinc oxide makes a very bright paint. Six big juicy steaks sizzled in a pan as five workmen left the quarry. The juke box music puzzled gentle visitor from a quaint valley town.

Pack my box with five dozen liquor jugs. How razorback-jumping frogs can level six piqued gymnasts!

ローカルナビゲーション

サブナビゲーション

検索クエリー

ドロップダウンリスト

テキストフィールド

ボタン

パートナーコンテンツ

The job requires extra pluck and zeal from every young wage earner. A quart jar of oil mixed with zinc oxide makes a very bright paint. Pack my box with five dozen liquor jugs.

優先ナビゲーション

ワイヤーフレームは骨格上の決定事項をひとつの文書にまとめたもので、ビジュアルデザイン作業やサイト実装のリファレンスとして役立つ。ワイヤーフレームに含まれる詳細レベルはさまざまで、この例はかなりざっくりしている。

通常、このシンプルな線画には多くの注釈がつけられ、必要に応じてアーキテクチャダイアグラムやその他のインタラクションデザイン文書、コンテンツ要求や機能仕様書、その他のタイプの詳細な文書を参照できる。たとえば、ある既存のコンテンツ要素を参照しているワイヤーフレームでは、どこにそのコンテンツ要素があるか示しているかもしれない。また、ワイヤーフレームやアーキテクチャダイアグラムを見ただけではわからないような、意図された動作に関する補足事項が含まれていることがある。

　構造段階で見たアーキテクチャダイアグラムは、いろいろな意味で、プロジェクトの遠大なビジョンだった。この骨格段階で、そのビジョンをどのように実現するかを示す詳細な文書がワイヤーフレームである。ワイヤーフレームには、包括的なナビゲーションの仕様が追加されることもあり、さまざまなナビゲーションコンポーネントの正確な構成がより詳細に記述される。

小規模だったり、それほど複雑でない製品では、ワイヤーフレームがひとつあれば、構築するすべての画面のテンプレートとして十分だ。しかし、多くのプロジェクトでは、意図する結果の複雑さを伝えるために複数のワイヤーフレームが必要になる。とはいえ、画面毎にワイヤーフレームを作る必要はないだろう。アーキテクチャの過程でコンテンツ要素を大まかなカテゴリーやクラスに分類できたように、ワイヤーフレーム開発では、製品の機能性やナビゲーションの多様性にもとづいて、比較的少数の標準的な画面が明らかになってくる。

　ワイヤーフレームは、サイトのビジュアルデザインを正式に確定するうえで必要不可欠な最初のステップだが、開発プロセスにかかわるほとんどの人が必ずどこかでワイヤーフレームを使うことになる。戦略、要件、構造それぞれの責任者は、最終製品が自分たちの期待に応えられるかどうかを確認するためにワイヤーフレームを参照する。実際に製品を構築する責任者は、サイトがどのように機能するべきかという質問に答えるためにワイヤーフレームを参照する。

　ワイヤーフレームは、情報アーキテクチャとビジュアルデザインがひとつになる場として、論議や論争の対象となる。ユーザーエクスペリエンス・デザイナーは、ワイヤーフレームを作成したデザイナーがアーキテクチャをナビゲーションシステムの背後に隠してしまい、そのナビゲーションシステムにはアーキテクチャの基礎となる原則が反映されていない、と訴える。ビジュアルデザイナーは、ユーザーエクスペリエンス・デザイナーが作成したワイヤーフレームによって、自分たちの役割が絵描きになってしまい、情報デザインの問題を解決するための、ビジュアルコミュニケーションの経験や専門知識が無駄になっている、と文句を言う。

　ユーザーエクスペリエンス・デザイナーとビジュアルデザイナーが別々に存在する場合、互いに協力する以外、ワイヤーフレームを成功させる方法はない。一緒にワイヤーフレームの詳細を詰めていく過程で、それぞれが互いの視点から問題を見ることができ、プロセスの早い段階で未解決の問題を見

つけることができる（製品ができあがってから、みんなが「なぜ計画どおりに機能しないのだろう」と思うのでは遅すぎる）。

　ここまで読むと、ワイヤーフレームは大変な作業のように思えるが、そんなことはない。文書化は、それ自体が目的なのではなく、目的を達成するための手段に過ぎない。目的のために文書を作成することは、単に時間の無駄であるだけでなく、逆効果であり、やる気を失くしてしまう。ニーズに合った適切なレベルの文書を作成し、それ以下の量で済むと自分を欺かないことで、文書化という作業は問題から利点へと変わる。

　私がこれまで手がけた中で最も成功といえるワイヤーフレームは、鉛筆で描いたスケッチに付箋を貼っただけのものだった。デザイナーとプログラマーが隣同士に座っている程度の小さなチームなら、この程度の文書化で十分だ。しかし、プログラミングをひとりではなくチーム全体で行う場合、しかもそのチームが地球の裏側にいたりすると、もう少しきちんとした文書化が求められるだろう。

　ワイヤーフレームの価値は、構造段階の３つの要素すべてを統合する方法にある。その３つの要素とは、インターフェース要素の配置と選択によるインターフェースデザイン、核となるナビゲーションシステムの特定と定義によるナビゲーションデザイン、情報要素の配置と優先順位づけによる情報デザインである。これら３つの要素すべてをワイヤーフレームというひとつの文書にまとめることで、表層段階への道筋を示すとともに、基本的な概念構造の上に構築される骨格を定義できる。

THE SURFACE PLANE

CHAPTER 7
表層段階

SENSORY DESIGN
感覚デザイン

5つの段階モデルの一番上では、製品でユーザーが最初に気づくであろう感覚デザインに注目していく。ここでは、コンテンツ、機能性、美しさが一体となって、他の4つの段階で掲げたゴールをすべて達成しながら、感覚的に楽しめるデザインを完成させる。

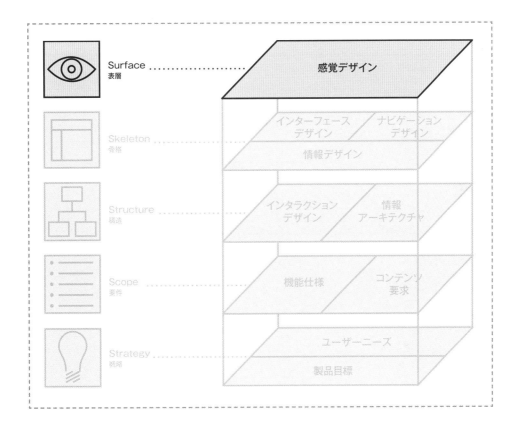

表層を定義する

　骨格段階では、主に配置について取り上げた。「インターフェースデザイン」はインタラクションを実現するための要素配置、「ナビゲーションデザイン」は製品内を移動するための要素配置、「情報デザイン」はユーザーに情報を伝えるための要素配置である。

　一段階上の表層段階では、**感覚デザイン**と、製品の骨格を構成する論理的な配置について取り上げる。たとえば、情報デザインを意識して、ページ内の情報要素をどのようにグループ分けし、配置するかを決定し、ビジュアルデザインを意識して、その配置を視覚的にどのように表現するかを決める。

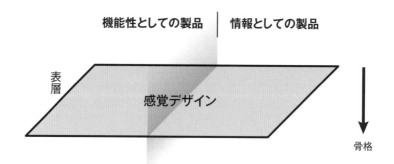

感覚の意味を理解する

　私たちが体験するすべてのこと、製品やサービスだけでなく、世の中や人とのつながりなどは、基本的に感覚を通じてもたらされる。表層段階は、デザインプロセスにおいて、ユーザーに体験を届けるための最終段階であり、デザインのすべてが人々の感覚にどのように現れるかを決定する。五感（視覚、聴覚、触覚、嗅覚、味覚）のうち、どの感覚を用いるかは、デザインする製品のタイプによって異なる。

● 嗅覚と味覚

　食べ物、香り、香りつきの製品を除き、ユーザーエクスペリエンス・デザイナーが嗅覚と味覚を考慮することはほとんどない。たしかに、製品の匂いと強いつながりを持つ人たちがいる。たとえば新車の匂い。誰も「新車」と思わないほど古くなっても、この匂いの芳香剤が使われるほど人気がある。これらの匂いは、製造過程での素材選択の結果であることがほとんどで、ユーザーエクスペリエンス・デザイナーの判断ではない。

● 触覚

　物理的な製品の触覚はインダストリアルデザインの領域になる。インダストリアルデザイナーは主にユーザーが製品と物理的にかかわることに関心がある。これには、携帯電話のボタン配置などインターフェースおよびインタラクションデザインの要素が含まれるが、デバイスの形状（丸いか、四角いか）、テクスチャー（なめらかか、ざらざらか）、素材（プラスチックか、金属か）といった、純粋に感覚的な考慮も含まれる。バイブレーションするデバイスのおかげで、画面ベースのエクスペリエンスにも触覚が含まれる。携帯電話やゲーム機のコントローラはいずれもユーザーとのコミュニケーションにバイブレーションを用いている。

●聴覚

　音は、さまざまな製品のエクスペリエンスで重要な役割を果たす。一般的な自動車のビープ音やブザー音、それらが発するメッセージを考えてみよう。「ヘッドライトが点灯しています」「シートベルトが外れています」「ドアが開いていますが、キーが刺さったままです」など。音はユーザーに情報を知らせるだけでなく、製品に個性を持たせるためにも利用できる。たとえば、TiVoユーザーであれば、TiVoの操作にともなうさまざまな音を容易に思い出すことができる。［訳注：TiVoは、米国TiVo社が開発したHDDビデオレコーダによる番組録画システム］

●視覚

　視覚はユーザーエクスペリエンス・デザイナーが最も得意とする分野だ。ビジュアルデザインはほとんどすべての種類の製品で重要な役割を果たしている。ここからはビジュアルデザインがどのようにユーザーエクスペリエンスをサポートするかに焦点を当てる。

　最初は、ビジュアルデザインは単に美意識の問題だ、と考えるかもしれない。好みは人それぞれで、何が視覚的に魅力的なデザインなのかという考えも人それぞれであるため、デザイン決定の議論は、すべて個人的な好みに落ち着いてしまうのではないか？　たしかに美意識は人それぞれだが、だからといって「誰が見てもかっこいい」ことを基本にデザインを決める必要はない。

　ビジュアルデザインは、見た目の美しさで評価するのではなく、いかに機能するかに注目する必要がある。下位の各段階で定義された目標を、どれだけ効果的にサポートしているか。たとえば、製品の外観がアーキテクチャのセクション間の区別を不明確にしたり、曖昧にしたりして、構造を損なっていないか？　あるいは、ユーザーの選択肢を明確にし、構造を強化するようなビジュアルデザインになっているか？

ウェブサイトの一般的な戦略目標の一例に、ブランドアイデンティティを伝えることがある。ブランドアイデンティティは、使用する言語やサイトの機能のインタラクションデザインなど、さまざまな形で表現されるが、ブランドアイデンティティを伝えるための主要なツールのひとつがビジュアルデザインである。もし伝えたいアイデンティティが技術的で権威あるものであれば、マンガのようなフォントや明るいパステルカラーを使うのは適切な選択ではないだろう。美しさの問題だけでなく、戦略の問題なのである。

視線の動きに従う

製品のビジュアルデザインを評価する簡単な方法のひとつとして、以下のような質問をする。「最初に目が行くのはどこか？」「デザインのどの要素が最初にユーザーの注意を引くか？」「ユーザーは、製品の戦略目標の重要な部分に惹かれているか？」「ユーザーが最初に注目するものは、ユーザーの（あるいはあなたの）目的を邪魔していないか？」

研究者は、被験者が何を見ているのか、視線が画面上をどのように動くのか正確に把握するために、高性能な**アイトラッキング**（eye tracking: 視線追跡）機器を使用することがある。しかし、製品のビジュアルデザインを微調整するだけなら、単に人に訊いたり、自問するだけで十分だろう。このアプローチではそこまで正確な結果は得られないし、アイトラッキングでしか把握できないようなニュアンスは得られない。しかし、大抵の場合、単に質問をするだけで十分だ。他にも、目を細めてページを見る、細部が見えなくなるように視点をぼかす、部屋の反対側まで行ってそこからページを見たりすることで、目立つデザイン要素を見つけることができる。

そして、視線がどこに行くか把握してみよう。自分が被験者なら、視線が無意識にページのどこに向くのか注意してみる。何を見ているかは考えすぎず、自然にページを見る。他の人が被験者なら、注意が向いた順にページの要素を声に出して言ってもらえばよい。

人の目の動かし方は無意識で本能的であるため、一般的に一貫したパターンであることがわかる。もし被験者の報告が他の人のパターンとまったく異なっていたら、おそらくその被験者らは自然な目の動きをあまり意識していないか、あなたが聞きたいと思っていることを言っているだけだろう（両方かもしれない）。

　もしデザインがうまくいっていれば、ユーザーの視線がページ上を動くパターンには重要な特色が2つある。

・1つ目は、スムーズな流れに沿っていること。「ごちゃごちゃしている」とか「乱雑だ」と言われるのは、そのデザインがページ内をスムーズに誘導していないからだ。主張する要素が多すぎて、視線はさまざまな要素の間を行ったり来たりしている。

・2つ目は、ユーザーが選べることをガイドツアーのように提供すること。ただし、ユーザーを圧倒しないよう、詳細な情報までは提供しない。いつもと同様、ここで選べることは、その時ユーザーが製品とのかかわりの中で達成しようとしているゴールやタスクをサポートするものでなければならない。さらに重要なのは、ここで選べることが、ユーザーがゴールに到達するために必要とする情報や機能を妨げないことだろう。

　ユーザーの視線がページ内を移動するのは偶然ではない。視覚的な刺激に対する人間の本能的反応が複雑に絡み合った結果である。幸いなことに、我々デザイナーにとっても、これらの反応をまったくコントロールできないわけではない。デザイナーは何世紀にもわたり、注意を引きつけたり誘導するために効果的な、さまざまなビジュアルテクニックを開発してきた。

コントラストと均一性

　ビジュアルデザインで、ユーザーの注意を引くための主なツールは**コントラスト**である。コントラストのないデザインは特徴のない、灰色の塊のように見え、ユーザーの視線はどこにも定まらずに漂ってしまう。インターフェースの本質的な部分にユーザーの注意を引きつけるためには、コントラストが欠かせない。コントラストがあると、ユーザーはページ上のナビゲーション要素の関係を理解しやすくなる。また、コントラストは情報デザイン上の概念的なまとまりを伝える主要な手段である。

　デザインの中に他と異なる要素があると、ユーザーはそこに注意を払う。注意を払わずにはいられない。この本能的な行動を利用して、ユーザーが本当に見るべきものを他の要素よりも目立たせればよい。ウェブインターフェースのエラーメッセージは、ページの他の部分に紛れてしまいがちだが、テキストの色を変えたり（たとえば赤など）、大胆なグラフィックで強調するなどコントラストをつけることで、大きな違いが生まれる。

訳注：図解はP.130参照。

　しかし、この戦略がうまくいくには、そのデザインが何かを伝えようとしていることが明確にユーザーにわかるよう、違いがはっきりしている必要がある。2つの要素でデザインの扱いが似ているのに微妙に違っていると、ユーザーは混乱してしまう。「どうして違うんだろう？　同じものなのか？　何かの間違いかもしれない。それとも、ここで何かに気づかなきゃいけない？」ユーザーを混乱させるのではなく、ユーザーの注意を引き、それが意図的なものであることを納得してもらう必要がある。

視覚的に偏りがないレイアウトでは、何も目立たない（左上）。コントラストを使ってユーザーの視線を導いたり（右上）、2、3個の重要な要素に注目させたりする（左下）。コントラストを使いすぎると、乱雑な見た目になる（右下）。

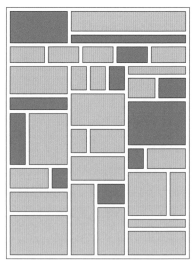
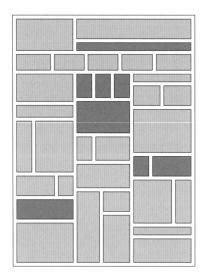
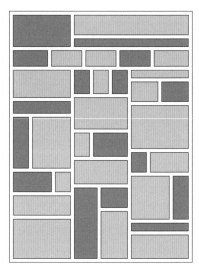

　デザインに**均一性**を持たせることは、ユーザーを混乱させたり、圧倒することなく、デザインを効果的に伝えるために重要である。均一性はビジュアルデザインのさまざまな側面にかかわる。

　要素のサイズを均一にしておくと、必要に応じて要素を新しいデザインに組み換えやすくなる。たとえば、ナビゲーションに使う画像ボタンがすべて同じ高さなら、必要に応じて組み合わせて使うことができ、レイアウトが乱雑になったり、新たに画像を作成する必要もない。

　グリッドベース・レイアウトは、印刷デザインからウェブへと効果的に引き継がれたテクニックのひとつで、レイアウトのバリエーションを作る際にマスターレイアウトをテンプレートとして用いることで、デザインの均一性を確保できる。どのレイアウトでもグリッドのすべてを使うわけではない。実際、ほとんどのレイアウトはほんの2,3個のグリッドしか使わないだろう。しかし、グリッド上に配置された要素はすべて均一で、一貫性がある。しかし、デバイス、画面サイズ、画面解像度などが大きく異なるため、画面ベースのデザインにグリッドを適用するのは、印刷デザインのように簡単ではない。グリッドシステム、もしくは均一性を確保するためのどんな標準でも、それに固執してしまう、という罠に陥りやすい。その標準が明らかにもう機能していなくても。デザイン標準がない状態での無秩序な作業はよくないが、ニーズに合っていないデザイン標準に束縛されるのはさらに悪い。グリッド作成時には誰も思いも寄らなかったような新しい機能が製品に追加されたのかもしれないし、そもそも初めからグリッドがうまく機能していないのかもしれない。理由は何であれ、ビジュアルデザイン・システムの基盤を見直すタイミングの見極めが重要だ。

グリッドベース・レイアウトを用いることで、多様なデザインに共通の視覚的秩序を与えることができる。

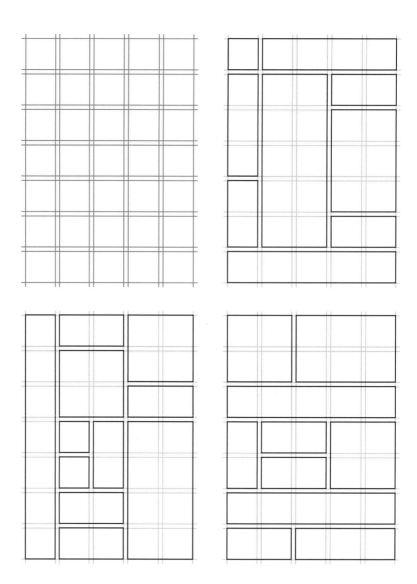

一貫性：内部と外部

　ウェブサイトは、組織で進行中の他のデザイン作業から切り離された、断片的でその場しのぎの方法で制作されることが多いため、ビジュアルデザインの一貫性に問題があった。この問題には2つの形がある。

- ・1つ目は、製品内部の一貫性の問題。製品の部分によって、違うデザインアプローチが反映されてしまっている。

- ・2つ目は、外部との一貫性の問題。かかわっている製品に、同じ組織の他の製品に用いられているデザインアプローチが反映されていない。

　内部の一貫性に対する解決策は、サイトの骨格に戻ってみるとよい。重要なのは、製品のさまざまなインターフェース、ナビゲーション、情報デザインの問題を通じて、異なるコンテクストで繰り返し出てくるデザイン要素を特定することだ。各デザイン要素をこれらの異なるコンテクストから分離してデザインすることで、コンテクストから生じる大規模な問題に気をとられず、解決しようとしている小規模な問題をより明確に確認できる。同じ要素を何度もデザインするのではなく、一度デザインした要素を製品全体で使用できる。

　そうしたアプローチが機能するには、要素が登場するさまざまなコンテクストに照らして、自分たちの作業結果をチェックする必要がある。たとえば、大きくて丸くて赤い「STOP」ボタンは、購入時のチェックアウトページでは有効かもしれないが、要素で混み合った製品のカスタマイズページでは視覚的に効果的ではないかもしれない。最善のアプローチは、それぞれの要素をデザインしてさまざまなコンテクストで試し、必要に応じてデザインをや

り直すことだ。

　デザイン要素の多くがそれぞれ個別に作成されても、一緒に機能しなければならない。成功しているデザインは、単に小さい、うまくデザインされたオブジェクトの集合体ではなく、それらのオブジェクトが一貫したシステムとして機能するものでなければならない。

　メディア間でデザインの一貫性を持たせることで、顧客、見込み客、株主、従業員、何気なく見ている人、といったユーザーに対するブランドアイデンティティの印象を統一することができる。ブランドアイデンティティは、すべての画面に表示されるナビゲーション要素から、一度しか表示されない地味なボタンまで、製品のビジュアルデザインのあらゆるレベルで一貫している必要がある。

　ウェブサイトで他のメディアと一貫性のないスタイルを用いると、その製品に対するユーザーの印象だけでなく、企業全体の印象にも影響を与える。人はアイデンティティがはっきり定義された企業に対して好意的な態度を示す。ビジュアルスタイルに一貫性がないと、企業イメージの明快さが損なわれてしまい、ユーザーに「自分が何者なのかよくわかっていない会社」という印象を残すことになる。

カラーパレットとタイポグラフィー

　色は、ブランドアイデンティティを伝えるうえで最も効果的な方法のひとつである。たとえば、コカコーラ、UPS［訳注：国際的な大手宅配業者。茶色がブランドカラー］、コダックなど、色と密接に結びついているブランドもあり、色を抜きにしてその企業のことを考えるのが難しいほどだ。これらの企業は特定の色（赤、茶、黄）を長年にわたって一貫して採用してきたことで、一般の人々により強いアイデンティティを感じさせることができる。

　かといって、「その1色だけしか使わない」いうことではない。通常、核となるブランドカラーは、企業のすべての資料に使われる幅広い**カラーパレット**の一部である。企業の標準的なパレットの色は、それぞれの色の相性を考慮して選択されており、互いに競合することなく補完し合っている。

　カラーパレットには、さまざまな用途に対応できる色を取り入れることが大切だ。多くの場合、明るい色や大胆な色はデザインの前景、つまり注意を引きたい要素に使用される。控えめな色は、ページから飛び出す必要のない背景要素に適している。選択できる色に幅があるので、効果的にデザイン上の選択を行うためのツールキットと言える。

　コントラストと均一性はビジュアルデザインの他の分野でも重要だが、カラーパレットを作成するうえでも重要な役割を果たしている。同じコンテクストで使われていても、非常に近いが微妙に違う色はカラーパレットの効果を損ねてしまう。だからといって、赤はこの濃さの赤だけ、青はこの濃さの青だけ、ということではない。つまり、異なる濃さの赤を使いたければ、ユーザーが十分見分けられる違いを持たせ、それぞれの色を一貫した方法で用いるようにする。

Orbitzでは、限られたカラーパ
レット(上)を使用して、ウェブサ
イト(下)の機能や特徴を差別化
している。

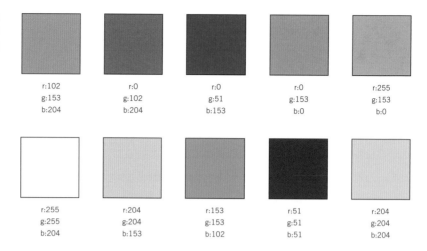

r:102	r:0	r:0	r:0	r:255
g:153	g:102	g:51	g:153	g:153
b:204	b:204	b:153	b:0	b:0

r:255	r:204	r:153	r:51	r:204
g:255	g:204	g:153	g:51	g:204
b:204	b:153	b:102	b:51	b:204

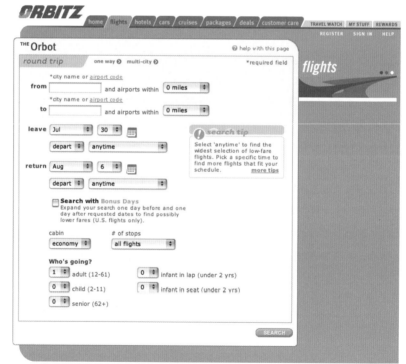

　タイポグラフィーはフォントや書体を使用して特定のビジュアルスタイルを作り出す。企業によっては、タイポグラフィーがブランドアイデンティティにとって非常に重要であるため、自社専用の特別な書体の制作を依頼しているところもある。アップルからフォルクスワーゲンやロンドンの地下鉄、果てはマーサ・スチュワート［訳注：米国ライフスタイル界の元祖カリスマ主婦］まで、さまざまな組織がカスタマイズしたタイポグラフィーを使い、より強いアイデンティティを伝えている。このような特別なことをしなくても、タイポグラフィーはビジュアルデザインを通じてアイデンティティを伝えるために効果的な役割を果たす。

　本文など、大きなブロックで表示されたり、ユーザーが長い時間読むことになるものは、シンプルであるほどよい。飾り気のある書体で書かれたたくさんの文章を読もうとすると、目はすぐに疲れてしまう。Helvetica やTimes といったシンプルなフォントが広く使われているのはそのためだ。ただ、選択肢は他にもある。読みやすさを追求するためにスタイルを犠牲にする必要はない。

　大きなテキスト要素や、ナビゲーション要素に見られるような短いラベルには、少し個性のある書体が適している。しかし、目的のひとつは、ユーザーに視覚的な混乱を与えないことだ。使用するフォントの種類を無駄に増やしたり、フォントの種類が少なくても一貫性のない方法で使ったりすると、混乱を招く原因となる。ほとんどの場合、ほんの一握りのフォントがあれば、すべてのコミュニケーションニーズを満たすことができる。

　書体を効果的に使うための原則は、他のビジュアルデザインと同じである。非常に似ているが微妙に違うスタイルは使わない。伝えようとしている情報の違いを示すためだけに異なるスタイルを使う。ユーザーの注意を引く必要があれば、十分なコントラストをつける。ただし、多種多様なスタイルを使ってデザインに負荷をかけない。

デザインカンプとスタイルガイド

　ビジュアルデザインの領域でワイヤーフレームに最も近いのがビジュアルモックアップ、あるいは**デザインカンプ**である。「カンプ（comp）」はcomposite（構成物）の略で、選択されたコンポーネントで構成された完成品をビジュアル化したものである。カンプでは、すべてのパーツをどのように組み合わせて全体としてまとめるかを示している。もしまとまりとして機能していないなら、どこで破綻しているかを示し、何らかのソリューションによる説明が必要となる制約を示す。

　ワイヤーフレームのコンポーネントとデザインカンプのコンポーネントは、単純な1対1の関係であることがわかる。カンプは、ワイヤーフレームのレイアウトを忠実に再現していないかもしれない。実際、忠実に再現していないだろう。ワイヤーフレームはビジュアルデザインの問題を考慮せず、骨格の文書化に重きを置いている。デザインカンプに取り組む前にワイヤーフレームを作っておくと、まず骨格の問題だけを検討でき、その後どのように表層的な問題が影響するかがわかる。とはいえ、ワイヤーフレームの核となる考え方、特に情報デザインの問題については、ワイヤーフレームの正確な配置に従わなくても、デザインカンプでは明確にわかるようにしておく必要がある。

ビジュアルデザインは、必ずしもワイヤーフレームと正確に一致していなくてもよい。ビジュアルデザインでは、ワイヤーフレームに出てくる要素の相対的な重要度と、それら要素のグループ分けがわかればよい。

ロゴ	ブランディングエリア	優先ナビゲーション
	グローバルナビゲーション	

特集

サブナビゲーション

全国トップニュース	ローカルトップニュース

139

このような文書化は、もちろん大変な作業だが、それには理由がある。時が経てば、自分たちが下した判断の理由は記憶から消えていく。また、特定の状況下で特定の問題に対処するために行ったその場しのぎの判断と、将来のデザイン作業の基盤を作るために行った判断がごちゃまぜになってしまう。

　デザインシステムを文書化するもうひとつの理由に、人はいずれ仕事を辞めてしまう、ということがある。製品が日々どのようにデザイン・構築されているのか、豊富な知識を持ったまま辞めていく。基準や方法について最新状態に保たれたスタイルガイドがなければ、その知識は失われてしまう。時が経てば、人の移動にともない、組織全体が徐々にある種の記憶喪失に陥り、物事の進め方や判断理由が社内の別の場所や職場に流れ出ていく。

　判断を下してきたデザインの決定事項を文書化したものが**スタイルガイド**である。スタイルガイドでは、大規模なものから小規模なものまで、ビジュアルデザインのあらゆる面が定義されている。デザイングリッド、カラーパレット、タイポグラフィーの基準、ロゴの扱い方のガイドラインといった、製品のあらゆる部分に影響を与えるグローバルな基準は、通常、スタイルガイドの最初に記載される。

　スタイルガイドには、製品の特定のセクションや機能に特化した基準も含まれる。場合によっては、スタイルガイドに記載された基準が、個別のインターフェース要素やナビゲーション要素といった細かいレベルにまで及ぶこともある。スタイルガイド全体としてのゴールは、この先、人々が賢明な判断を下せるよう、十分な詳細を提供すること。スタイルガイドを作ったことで、必要な検討の大半は済んでいる。

スタイルガイドを作成すれば、分散した組織でデザインに一貫性を持たせるのにも有効だ。さまざまな独立したプロジェクトが開始され、世界中に散らばるオフィスで作業が行われているようなウェブ運営では、サイトのスタイルや標準はランダムな寄せ集めに見えてしまう。すべての人に統一された標準に従ってもらうのはかなり大変であるため、デザイン・スタイルガイドを実施する判断は、予想以上に組織の上層部で行われることが多い。製品を単なる寄せ集めではなく、全体としてまとまりがあるものに見せるには、スタイルガイドを参照できるようにするのが最も効果的な方法である。

THE ELEMENTS APPLIED

CHAPTER 8
段階の運用

　製品がどんなに複雑でも、ユーザーエクスペリエンスの要素は一貫している。しかし、要素の背後にあるアイデアを実現することは、それだけでかなりの難題になることがある。これは時間とリソースの問題というだけでなく、考え方の問題であることが多い。

　戦略、要件、構造、骨格、表層という5つの段階を振り返ってみると、どれも大変な作業のように思われる。たしかに、あらゆる細部へのこだわりを実現するには何ヶ月もの開発期間と、高度な訓練を受けた少数の専門家が必要になりそうだ、そう思っているのでは？

　ところが、必ずしもそうではない。たしかにプロジェクトや組織によっては、他の方法で対応できないほど複雑な製品の責任を分散するため、専任の専門家チームを雇うのが最も効果的である。また、専門家はユーザーエクスペリエンスの一部に集中して取り組むことができるため、こうした問題をより深く理解したうえで仕事に取り組むことができる。

　しかし、多くの場合、リソースが限られた小さなチームでも同様の結果を得ることができる。ときには、ほんの数人のグループでも大きなチームより優れた結果を出すこともある。人数が少ないと、共有しているユーザーエクスペリエンスのビジョンについて認識を合わせやすく、ズレにくい。

ユーザーエクスペリエンスをデザインするということは、些細な問題を大量に集めて解決するようなものだ。成功するアプローチと失敗するアプローチの違いは、2つの基本的な考え方に集約される。

・ **解決しようとしている問題は何かを理解する**
　ホーム画面にある大きな紫色のボタンが問題だとわかったとする。変えなければいけないのはボタンの大きさと紫色なのか（表層）？　それとも、ボタンがページ上で間違った場所にあるのか（骨格）？　ボタンが表す機能がユーザーの期待に応えられていないのか（構造）？

・ **問題の解決策がもたらす結果を理解する**
　どんな決定も要素の上下に波及効果がありうることを忘れないでほしい。製品のある部分で非常にうまく機能するナビゲーションデザインは、アーキテクチャの他のセクションのニーズはまったく満たせないかもしれない。製品選択ウィザードのインタラクションデザインは革新的なアプローチかもしれないが、テクノロジー恐怖症であるユーザーのニーズを満たせるだろうか？

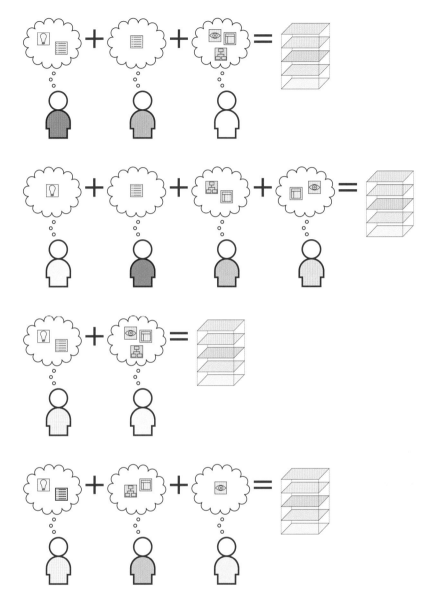

組織の誰かに5つの段階それぞ
れについて考えてもらうだけで、
ユーザーエクスペリエンスを成
功に導くために必要な検討事項
に対処できる。この責任を組織で
どう分配するかはそれほど重要
ではない。重要なのは、ユーザー
エクスペリエンスの要素すべて
が考慮されていることだ。

ユーザーエクスペリエンス・デザインのプロセスでは小さな決定を重ねていくが、中には意識的に決定されていないものが意外と多く、驚かれると思う。ユーザーエクスペリエンスに関する選択は、ほとんどの場合、以下のシナリオのいずれかに当てはまる。

- **デフォルトにもとづいたデザイン**

  これは、ユーザーエクスペリエンスの構造が、基盤となる技術や組織の構造に従うときに起こる。顧客の注文履歴と請求情報を別々のデータベースに保存するのは、既存の技術システムではうまく機能するかもしれない。しかし、だからといってユーザーエクスペリエンスでも別々にしておいたほうがよいとは限らない。同様に、企業のさまざまな部署から送られてくるコンテンツも、別々にしておくより一緒にしたほうが、ユーザーにとってはより役立つかもしれない。

- **模倣によるデザイン**

  これは、他の製品、出版物、ソフトウェアアプリケーションなどで慣れ親しまれた慣例を、ユーザーエクスペリエンスが利用するときに起こる。その慣例があなたのユーザーにとって（またはウェブそのものにとって）どれだけ適切であるかは関係ない。

- **命令に従ったデザイン**

  これは、ユーザーニーズや製品目標ではなく、個人の好みがユーザーエクスペリエンスの決定を左右するときに起こる。上級副社長のひとりが好きだからカラーパレットの大半がオレンジ色で占められていたり、エンジニアのリーダーが好きだからすべてのナビゲーション要素がドロップダウンメニューになっていたりするのは、戦略目標やユーザーインサイトを見失っている。あなたが下す決断を左右するのは、誰かの命令ではなく、戦略目標であるべきだ。

正しい質問をする

　ユーザーエクスペリエンスをデザインしていると、解決しなければならない小さな問題の絡み合いに直面して、がっかりすることもある。ある問題を解決しようとしたら、解決したと思っていた他の問題を見直さなければならないこともある。妥協したり、異なるアプローチ間のトレードオフを評価したりしなければならないことも多いだろう。こうした判断を迫られている最中は、自分のアプローチが正しいかどうか疑問に思い、フラストレーションを感じやすい。正しいアプローチは、根本的な問題を理解したうえで、ひとつひとつ決めていくことだ。ユーザーエクスペリエンスのあらゆる側面について自問すべき最初の質問（そして、答えられないといけない質問）は「なぜそうしたか？」である。

　直面している問題を解決するには、適切な心構えを持つことが最も重要である。ユーザーエクスペリエンス・デザインのプロセスは、時間、資金、人材に合わせて調整できる。ユーザーに関する市場調査のデータを集める時間がないなら、サーバーログやフィードバックメッセージなど、すでに手元にある情報からユーザーニーズを読み取る方法があるかもしれない。ユーザーテスト用のラボを借りる余裕がなければ、友人、家族、同僚を募り、インフォーマル（略式）なテストに参加してもらえばよい。

　時間やコストの節約を言い訳に、プロジェクトの基本的なユーザーエクスペリエンスの問題をごまかしてしまう誘惑に負けないでほしい。プロジェクトによっては、実際に問題に取り組む時間がなくなってしまったずっと後に、誰かがプロセスの最後の最後に何らかのユーザーエクスペリエンス評価を思慮深くつけ加えてくれる。製品の発売に向けて振り返らずに急ぐことは、発売日が決まったときにはよい考えのように思えたかもしれない。しかし、結果としてプロジェクトの技術的要求をすべて満たしていても、ユーザーにとっては役に立たない製品になってしまいがちだ。さらに悪いことに、ユーザーエクスペリエンス評価を最後に追加することで、問題があるのはわかっていても修正する機会（あるいは資金）がない製品を発売することになるか

もしれない。

　組織によっては、このアプローチを「ユーザー受容性調査」と呼んで好む。ここでは、この「受容性」という言葉が非常に重要な意味を持っている。問題は、ユーザーが製品を好きかどうか、使うかどうかではなく、受容するかどうかだ。このタイプの調査はプロセスの最後の最後に行われることが多く、この時点では数え切れないほどの仮定が検証されることなくユーザーエクスペリエンスを形作ってしまっている。これらの仮定はインターフェースやインタラクションの背後に隠されているため、完成した製品のユーザーテストで明らかにするのは非常に難しい。

　優れたユーザーエクスペリエンスを確保するための主要な手段として、多くの人がユーザーテストを提唱している。この考え方は、何かを作って人に見せ、どう思われるか確認し、文句を言われたところは何であれ修正すればいい、というもののようだ。しかし、ユーザーテストは、情報にもとづいて熟考されたユーザーエクスペリエンス・デザインのプロセスのかわりには決してならない。

　ユーザーエクスペリエンスの特定の要素にフォーカスした質問をすると、ユーザーからより適切なフィードバックを集めやすくなる。ユーザーエクスペリエンスの要素を無視して作成されたユーザーテストは、間違った質問をすることになり、それが間違った回答へとつながってしまうことがある。たとえば、プロトタイプをテストする際、どのような問題を調査しようとしているのか知っておくことは、関係ない論点で問題を濁すことのないエクスペリエンスを被験者に提示するために重要である。あのナビゲーションバーの問題は本当に色だけなのか？　それとも、ユーザーが反応しているのは言葉遣いなのか？

　ユーザーが自分のニーズを明確にしてくれるとは限らない。ユーザーエクスペリエンスを作る上での課題は、ユーザー自身が理解している以上にユーザーニーズを理解することだ。テストはユーザーニーズを理解するのに役立つが、同じ目標を達成する数多くのツールのひとつに過ぎない。

マラソンと短距離走

　ユーザーエクスペリエンスのどの側面も偶然に任せてはいけないように、自分の開発プロセスも偶然に任せてはいけない。あまりにも多くのチームが、常に緊急事態に陥っている。各プロジェクトは何らの危機への対応と考えられており、その結果、すべてのプロジェクトは始まる前でさえスケジュールに遅れが出ている。

　ユーザーエクスペリエンスの開発プロセスについて問題点をクライアントに説明する際、よく使う例えがある。「マラソンは短距離走ではない。自分が何のレースに参加しているのかを知り、それに応じた走り方をしよう。」

　短距離走は短いレースだ。短距離走者は、スタートの合図が鳴った瞬間に、ありったけのエネルギーを必要とし、ほんの数分でそのエネルギーを使い果たしてしまう。短距離走者はスタートしてすぐに全力でできるかぎり速く走り、ゴールするまで全力で走り続けなければならない。

　マラソンは長いレースだ。マラソンランナーだって、短距離走者に劣らずエネルギーが必要だが、その消費の仕方はまったく異なる。マラソンでの成功は、いかに効率よく配分するかにかかっている。他の要因がすべて同じであれば、スピードを上げるタイミングと落とすタイミングを知っているランナーのほうが勝つ可能性はもちろん、完走できる可能性も高くなる。

　最初から最後まで全速力で走るという短距離走者の戦略は、レースに対して唯一理にかなったアプローチのように見える。マラソンを短距離走の連続のように走ればよいように思えるが、そうは行かない。理由のひとつは、単に人間の持久力に物理的限界があることだが、もうひとつ別の要因もある。その限界に対応するため、マラソンランナーは常に自分のパフォーマンスをモニタリングし、何がうまくいっていて、何がうまくいっていないのかを見極め、それに応じてアプローチを変えていく。

　製品開発が短距離走であることはほとんどない。プロトタイプを作ったり、アイデアを出したりして前進することもあれば、作ったものをテストしたり、

パーツの組み合わせを確認したり、プロジェクトの全体像に磨きをかけたりして後退することもある。スピードを重視するタスクもあれば、じっくりと取り組んだほうがよいタスクもある。優れたマラソンランナーはどれがどれかわかっている。あなたもわかっている必要がある。

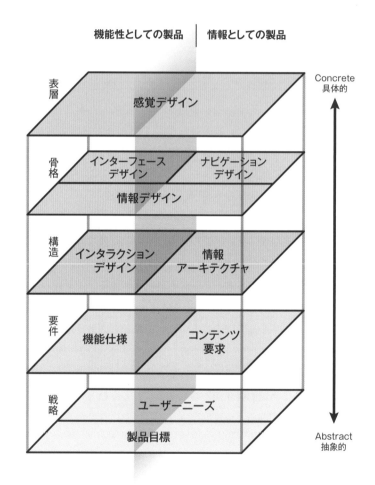

　考え抜いた上でデザインの判断を行うことは、短期的には時間がかかるが、長い目で見ればはるかに時間の節約になる。デザイナーと開発者は、作業中のプロジェクトに戦略、要件、構造への配慮が足りない、と嘆くことが多い。私は、これらの活動が常になくなる危機にさらされていたプロジェクトに何度もかかわってきた。また、画像やコードのような実際のサイトコンポーネントの制作をともなわないタスクに焦る人もいる。スケジュールが押していたり、予算オーバーのプロジェクトでは、こうしたタスクが真っ先にカットされがちだ。

　しかし、そもそもこれらのタスクは、後の成果物を作るために必要不可欠な準備として、最初からプロジェクトに含まれていた。(5つの段階が下から上に向かって構築され、それぞれが上の段階の基盤となっているのはそのためだ。) これらのタスクがなくなると、タスクや成果物がプロジェクトのスケジュールに残され、プロジェクトのより大きなコンテクストによって知らされず、互いに切り離されたようになる。

　終わってみると、誰の期待も満たさないような製品ができあがってしまった。当初の問題を解決できなかっただけでなく、新たな問題を作り出してしまった。なぜなら、次の大プロジェクトは、前のプロジェクトの欠点を解決しようとするものだから。そうしてこのサイクルが繰り返される。

　製品を外から見たり、初めて開発プロセスに入ると、5つの段階モデルの下の方にある段階ではなく、上の方にあるわかりやすい要素にばかり目が行きがちである。しかし、皮肉なことに、製品の戦略、要件、構造といった目に見えにくい要素こそ、ユーザーエクスペリエンス全体の成否において最も重要な役割を果たしている。

　多くの場合、上の段階で失敗していると、下の段階の成功がかすんでしまう。ビジュアルデザインで、たとえば、レイアウトが乱雑だったり、ごちゃごちゃしている、配色に一貫性がなかったり、ぶつかっている、といった問題があると、ユーザーはすぐに離脱してしまう。そのため、ナビゲーションやインタラクションデザインで賢明な選択がなされていても、ユーザーがそ

のすべてに気づくことはない。また、ナビゲーションデザインのアプローチがよく考えられていないと、しっかりした、柔軟性のある情報アーキテクチャを作るための作業すべてが時間の無駄になってしまう。

同様に、その上の段階で正しい判断をしていても、下の段階での間違った選択にもとづいていたら意味がない。ウェブの歴史を振り返ると、美しくても使い勝手が悪かったために失敗したサイトが散見される。ビジュアルデザインを重視し、ユーザーエクスペリエンスの他の要素を排除したことで倒産に追い込まれたスタートアップ企業もあれば、なぜ自分たちがウェブに悩まされていたのか疑問に思う企業も出てきた。

必ずそうなるわけではない。完璧なユーザーエクスペリエンスを念頭に製品開発プロセスに取り組めば、負債ではなく財産となる製品を生み出すことができる。製品のユーザーエクスペリエンスのすべてを意識的かつ明確に決定することで、戦略目標とユーザーニーズのいずれも満たす製品となる。

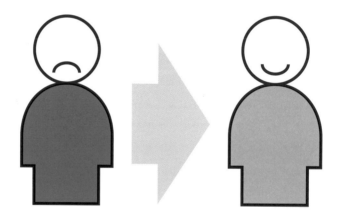

SUPPLEMENT

IAの再考
ia / recon

訳注：本章は原著第1版の日本語版『ウェブ戦略としての「ユーザーエクスペリエンス」』刊行時に収録された特別章。
原典は、著者のサイトに「ia/recon」の題名で掲載されたエッセイ（www.jjg.net/ia/recon）。2002年の1月から5月にかけて執筆された。
本書の成立背景がよりよく理解できるエッセイだろう。

Part 1. 原則と役割（The Discipline and the Role）

「情報アーキテクチャ」という専門領域がある。そして、「情報アーキテクト」という役割がある。どちらも多かれ少なかれ協力して発展してきたし、片方を議論すれば、もう片方もかかわっていた。しかし、それを変えるときがやってきたのかもしれない。

　景気の沈滞には適切なときなどない。とはいえ、情報アーキテクチャのコミュニティにとって、昨今の景気の変遷は、あまりにもまずいタイミングだった。ちょうど、「ウェブデザイン」プロセスで私たちが貢献することの価値を証明していこうとし始めたころ。不景気の圧力で、もっと熱心に普及に努めることを余儀なくされたし、クライアントからは疑いのまなざしを向けられていた。クライアントはドットコム企業による怪しげなセールストークを5年も聞いてうんざりしていたし、経済の圧力も大きかったのだ。

「ビジネス界では、情報アーキテクトの仕事が企業の成功に欠かせないと認識されるだろう。だから、その問題の責任者は、当然組織のトップレベル（伝説かつ幻の「CXO（Chief Experience Officer」だ）に属するはずだ」ニューエコノミー最盛期のころは、そう信じた者もいた。しかし、今や不景気の到来により、情報アーキテクチャという専門領域も、情報アーキテクトという役割も、まるで絶滅寸前だ。

　これに対して、私たちは一致団結し、セールストークとビジネス上の価値を作り上げようとしてきた。しかし、自分たちが一体何を売っているのか、あまり確信を持てないのだ。情報アーキテクチャのアイデアを売っているのだろうか？　それとも、情報アーキテクトのアイデアを売っているのだろうか？　この混乱のおかげで、「どのように専門領域と役割を定義するのか」と、

私たちは延々と同じ疑問から抜け出せずにいる。

　ある学派は、このように定義しようとする。「私は情報アーキテクトです。ですから、私のすることは、何であれすべて情報アーキテクチャです」

　役割をベースに定義しようとすると、往々にして意味が広くなっていってしまう。なぜなら、情報アーキテクトという役割に対応する職務は、組織によって大きく異なるため、役割の定義は（それに伴い専門領域も）どんどん拡大してしまうからだ。この発想が、いわゆる「ビッグ IA」につながる。「ビッグ IA」とは幅広い職務を網羅した定義のことで、ビジネス戦略、情報デザイン、ユーザー調査、インタラクションデザイン、要件定義など、その他多くの職務を含んでいる。

　それとは逆のアプローチが、専門領域をベースに役割を定義することだ。つまり、「情報アーキテクチャの指す分野が何であれ、情報アーキテクトはその分野に特化した人」という考え方だ。

　この定義だと、意味が狭まりやすい。情報アーキテクチャの問題とその解決策について深く語るには、まずそれらの問題の範疇を、非常に具体的に定義しなければならないからだ。

　こちらの定義の結果が「リトル IA」。こちらはコンテンツの組織化と情報空間の構造化だけに焦点を絞っている。しかし、この役割の定義を（専門領域として）実際の役割にあてはめると、定義された「枠」によって、情報アーキテクチャの成功に不可欠な多くの要素が、任務の範囲外とされてしまうのではないか、という不安を生む結果となってしまう。

　情報アーキテクトの役割が拡大すると、その役割（不景気以来少なくなっているかもしれないが）をこなす個人にとってはよいかもしれない。しかし、情報アーキテクチャの専門領域の定義にとっては悪影響でしかない。情報アーキテクチャ作業の全体的な性質を見ると、一部の人々は、情報アーキテクチャ関連ビジネスのあらゆる面を、自分たちが直接コントロールしなければ気がすまないのだ。こうした傲慢な考えは、専門領域の価値を企業に説得しようという努力を台無しにしてしまう。大きな力を求めれば求めるほど、その力を持たせてくれるように他人を説得するのは難しくなるのだ。

コミュニティ内のほとんどの人々は、この問題を冷静に議論できない状態になってきた。役割を定義しようとすれば、必然的に誰かのアイデンティティ感覚を脅かすことになるからだ。もしそこでの定義が自分の仕事と一致しなかったら、自分はもう情報アーキテクトではなくなってしまうということか？　さらには、肩書きの詐称をしているということか？

結果として、誰かが専門領域を定義すると、その定義は他の誰かの役割に合わなかったり、その逆もあったりして、堂々巡りになってしまった。

役割を網羅できる、幅広い定義では、専門領域について有意義な議論をするには広すぎる。専門領域にとって適度なように幅を狭めると、今度は狭すぎて役割を含みきれない—私たちは行き詰まってしまったようだ。片方をベースにすると、もう片方が不適当になる。かといって両方同時に定義しようとしてもうまくいかず、古典的な「卵が先か、鶏が先か」的な問題になってしまうのだ。

唯一の解決方法は、専門領域の定義と、役割の定義を、完全に切り離すこと。一瞬、おかしいと感じるかもしれないが、これは100% 理にかなっている。それに前例もある。たとえば、オーケストラの指揮者、という役割を考えてみよう。「指揮をすること」は確かに指揮者の仕事の一部だが、仕事の範囲はそれだけではない。指揮者は、クリエイティブ面からマネジメント面まで幅広く責任を持っているものだ。

もっとクリエイティブな難題が目の前に山積みになっているというのに、私たちは自分の尻尾をずっと追い掛け回して、基本的な用語の定義で足踏みしている。広い用語で専門領域を定義しても、目の前の問題をより深く理解できるわけではない。領域を狭めると、特定の問題については、明確に述べられるようになるだろう。どんな専門領域であれ、進歩するにはこうした明確さが必要だ。

一方、役割に関する問題は、自然と解決するだろう。組織はこれまで同様、必要に応じて役割を定義し、結果を出すところにリソースを割り振るだろうから。

専門領域についての議論と、役割についての議論を切り離すことには、さ

らに重要な理由がある。それは、情報アーキテクチャという専門領域を保護するため、ということだ。そのためには、「情報アーキテクトの役割」という考えを捨てなければいけない。

Part 2. 内輪での慣習 (Tribal Customs)

情報アーキテクチャは、幅広く問題を網羅する。しかし、情報アーキテクチャにかかわるプロジェクトのコンテクストや目標が何であろうと、私たちが気にしているのは、いつも同じ。効果的なコミュニケーションを円滑にするための構造を作り出すことだ。この発想が、私たちの専門領域の核である。

私のバックグラウンドは、IT業界で言う「コンテンツ開発」だ。他の業界では、「執筆・編集」として知られている。なぜだか、私のようにコンテンツ開発から情報アーキテクトになった人はあまりいないようで、「コンテンツ開発と情報アーキテクトは、いったいどう関連があるのか」とよく質問される。

人類の歴史において、効果的なコミュニケーションにもっとも高い関心を持っていた人は、言語を扱っていた人々だ。ハイパーテキストの前、プレーンなテキストよりも前、「情報を建築する」初めての道具は、言語だった。

編集者の仕事を考えると、ほとんどの人は、「背中を丸めて机に向かい、赤ペンを手に持ち、長々としたテキストに赤入れしている」といったことを思い浮かべることだろう。しかし、編集者の役割と、編集の専門領域はまったく異なっている。こうした作業を専門としている人もいるけれど、たいてい、編集者はもっとさまざまな仕事をしている。

広い意味で言うと、編集者の仕事はライターがよりよい文章を書けるよう、手助けすることだ。これには文法や句読点、言葉の選択などももちろん含まれる。しかし、編集者の仕事でもっとも大きな部分を占めるのは、効果的な構造を作り出すことだ。百科事典から教科書、記事、段落、文まで、編集者はさまざまなスケールで構造を作るのである。

編集者同様、情報アーキテクトは情報構造を作り出すことに関心を持って

いる。しかし、情報アーキテクチャの専門領域は、この点をまったく異なった視点から見ている。情報アーキテクチャの世界では、構造的な問題はすべて、ひとつの問題のバリエーションであると考えている。その問題は何かというと、「情報検索」である。

　編集の専門領域でも、情報の検索という問題に取り組まなければならない。多くの出版物は、情報の検索が簡単にできるよう、構造化されている。たとえば、電話帳、書籍、辞書、地図などが挙げられる。しかし、これらは毎年発行される全体数から見ると、ほんの一部に過ぎない。

　他のすべての出版物（辞書や地図ではないもの）にも、構造はある。しかし、その構造は、秩序立った分類ではない。ライターや編集者は、さまざまな目的を達成するために構造を使う。教えるための構造があれば、知らせるための構造、他には説得するための構造もある。

　情報アーキテクチャも、こうした幅広い問題を扱うことができると、私は信じているし、今実践されている専門領域に、その可能性がすでに潜在している。情報アーキテクチャの領域は、情報検索の範囲を超えていくのだろう。しかし、現在のアプローチはまだ不十分で、情報アーキテクチャの持つ可能性を存分に活かしきれていない。

　雑誌や新聞の編集者に対して、「出版する前に、読者に構造をテストしてもらいましたか？」なんて質問をしたら、きっと笑われるだろう。効果的な構造は、プロの判断力で作られるもの—そしてその判断力は、長年の試行錯誤や、苦労の末に手に入れた経験の賜物なのだ。

　編集者にとって、編集という専門領域における自分の価値は、判断力を働かせることにある。彼らにとっては、構造が効果的かどうかを的確に判断することが、編集者としての存在意義だ。プロとしての判断を放棄して、調査結果を構造へとつなぐだけのパイプ役になるなんて、ばかばかしいだけだ。

　実際、彼らは正しい。

Part 3. 白衣を身にまとって (Dressing Up in Lab Coats)

専門領域外の人からすると、「情報アーキテクチャ」はすでに「ユーザビリティ」と同義語になってしまった。私たちのような新興の専門領域の人間が、すでに信頼を確立した分野と手を結びたくなるという気持ちも、よくわかる。しかし、情報アーキテクチャを調査に融合してしまうと、プロセスが台無しになり、求めていた信頼も得ることができなくなってしまう。

情報アーキテクチャについての最近の傾向は、「ユーザー調査を基に設計し、ユーザーテストを繰り返して有効性を確認する。それらの結果できたものだけが、優れたアーキテクチャである」というものだ。しかし、アーキテクチャと調査の融合は—そしていずれも単体では存在し得ないという結論は—あまりに単純化されており、あてにならない。

よく見積もれば、クライアントを欺いているだけ。最悪の場合は、自分自身をも欺いていることになる。

調査結果でアーキテクチャに関する判断を覆ってしまえば、判断を「擁護」することができる。たとえ、経験豊富なプロの判断による意見だとしても、意見を擁護するより、科学を擁護するほうがずっと楽なのだから。しかし、これは科学とは程遠い—疑似科学だ。意見を調査で装飾しても、意見を科学的にすることはできない。白衣を着たからといって、科学者になれないのと同じことだ。

調査がアーキテクチャにとってもっとも役に立つのは、解決すべき問題を定義するとき。逆に、調査がアーキテクチャにとってもっとも役に立たない—しかも悪影響まで及ぼす—のは、解決策自体を定義しようとするときだ。

調査が問題を定義しているのか、解決策を定義しているのか、それは簡単にはわからない。調査のプロセスで、問題を明確にしようとしたはずなのに、いつの間にか解決策の提案にすりかわってしまった、ということもありうる。特に、調査を実施している担当者が、解決策の策定も担当している場合はその傾向が強い。

調査の構造自体は、解決策を導き出すことも可能だ。同様に、結果をまと

めるための調査データの分析から、解決策に影響するような偏見や仮説が導き出されることもある。とはいえ、こうした研究は他の専門家によるレビューを受けないので、方法の欠陥も、偏見に満ちた結果も、決して公にはならない。

そして、盲目的に解決策を出す調査よりもひどいのは、明らかに企まれた調査だ。「ユーザーが情報をどうまとめるべきか、教えてくれた―さあ、実行しよう！」といった具合に。

ユーザーの目的が明確であり、測定が可能な場合は、調査は非常に役に立つ。情報検索も、eコマースもその一例だ。しかし、こうした狭い範囲以外では、目的を達成するには調査は不十分なのだ。

最高にうまく設計された調査でも、熟練したアーキテクトにはかなわない。調査から生まれたアーキテクチャでは、ユーザーを驚かせることができないのだ。すべてが予測可能で、慣れ親しんだアーキテクチャであれば、調査は最適だ。情報検索やeコマースといった例では、調査こそ、私たちがまさに求めているものだ。

しかし多くの場合、アーキテクチャはその内容に不慣れなユーザーに合わせなければならない。そしてときに、アーキテクチャの目標がユーザーを教育したり説得したりすることの場合、驚かせることがアーキテクトの最高のツールになる可能性もある。しかし、調査から直接派生したアーキテクチャでは、そうした驚きが生まれることはない。

さらに、仕事の検証をユーザーテストばかりに頼っていては、新しいアーキテクチャ的アプローチを発見することもないだろう。

高校のとき、私はある授業をとっていた。表向きは、言葉と語彙のスキルに関する授業だった。その授業の初日、私はあることに気がついた。そのクラスは、実際は大学入学のカギとなるテスト、SATの対策クラスだということだ。

私たちは、言葉の使い方を上達させる方法だとか、語彙を操る方法だとか、そういった一般的な法則は習わなかった。実際繰り返し習ったことといえば、SATテストがどんな内容か、質問がどう作られているのか、答えがわからないときはどうやればうまく推測できるのか、といったことだった。しかし、

テストでうまくやるのと、内容を知ることはまったく違う。

　ユーザビリティについても、同じことが言える。成功か失敗か、最終判断を下すときに、私たちはテストをうまくこなすことを成功ととらえてしまう。ユーザビリティでは、効率がもっともよいアプローチが最善の方法だと考えられている。しかし、ユーザーのタスクが明確で、目標がすぐにつかめるような限られた領域以外では、必ずしも効率的であることが最善とは限らない。テストをしたからといって、アーキテクチャやそのユーザーの持つ目標をすべて解決できるわけではない。

　私たちの専門領域が現在のような状態で進み続けるとしたら、情報アーキテクチャに関する知識は、テスト対策と同レベルのものにしかならないだろう。その一方で、仕事固有の本当にクリエイティブな問題をどれくらい理解できるかといったら、今日同様にお粗末なままになるだろう。

Part 4. そこで奇跡の到来 (Then a Miracle Occurs)

　情報アーキテクチャのメーリングリストでは、こんなメッセージをよく目にする。

「先日、ある解決策を提出しました。このメーリングリストの皆さんにはきっと納得してもらえるものです。しかし、私の会社では他の解決策に賛成する人のほうが多いのです。みなさんは新たな解決策に反対するでしょう。私の解決策のほうが正しい、ということを証明できる調査方法はないでしょうか？」

　ここでの本当の問題は、データの不足ではない。信頼感の不足だ。情報アーキテクトはいまだに不信感を抱かれたままなのである。私たちは、まず、自分たちが何をするのか説明しなければいけない。それから、なぜそれが重要なのかを伝えるのだ。そこまで理解してもらえたら、クライアントは自分たちもできる、と決心する。結局、そうした重大な戦略的決定は、エグゼクティブに任せるしかないのではないか？

　信頼感の溝を埋めるべく、私たちは提案の支えとして調査を重視してきた。

161

ウェブという新媒体では何が最善策なのか、それを判断する力を高めなくては、という焦り。情報アーキテクチャという専門領域を理解していない人々を説得するニーズ。この焦りがニーズと相まって、私たちは過剰に調査に頼ってしまうようになったのだ。

　一見このアプローチは効果的だったこともあり、結果として、私たちは仕事のほとんどを科学的にしようとした。たとえば、情報アーキテクチャを抜き出して単純な公式にするとか、段階的なプロセスにするとか、一連のルールにするとかだ。情報アーキテクチャのプロセスをコード化しようとする試みも数多くある。この試みは、「調査データを入力すると、標準化されたアプローチが出てくる」というのを期待しているようにも思える。

　しかし、情報アーキテクチャの方法論を明瞭にしようとする試みは、どれも同じ―事前ユーザーテストの手法に関する膨大な量の情報。そして、ユーザビリティテストのテクニックを網羅したカタログだ。ただ、ちょっと待ってほしい。何か欠けている。肝心のアーキテクチャ作業は、一体いつ始まるのだろう？

　ここで思い出すのが、シドニー・ハリスの1コマ漫画だ（http://www.sciencecartoonsplus.com/gallery.htm）。黒板に向かって、ある科学者が、もう一人の科学者の研究を評価している。彼は公式の一部を指差して、こう言う。「2番目のこのステップですがね、ここをもう少し明確にしないと」その部分には、こんなことが書いてある。「ここで奇跡が起こる」と。

　情報アーキテクチャの場合の「奇跡」は、まさにアーキテクチャの創造そのものだ。クリエイティブなプロセスに情報を提供する調査については、知識は増え続けている。また、そのプロセスの結果を評価する方法も確立されている。しかし、私たちの仕事の核である、プロセスそのものが、いまだに謎のままであり、情報アーキテクチャの専門領域に対する理解が欠けている。

　私たちは、「自分たちが何をするか」というもっとも重要なことを置き去りにしたまま、それ以外のことについて話すのに時間を費やしてきた。皮肉なことに、私たちは信用をもっと得ようとして調査方法を強調したはずが、逆に信用を落としただけだった。私たちが作り上げた印象というと、「情報

アーキテクトとして成功できる！　7つのステップ」で武装すれば、誰でも
情報アーキテクチャの仕事ができてしまう、というものだ。これでは情報アー
キテクトという役割が危険にさらされているのも無理はない。

　クリエイティブなプロセスに取り組まない手法など、どれもまったく不完
全だ。さらに、もし私たちが「大規模な調査に頼ったアプローチだけが、唯
一正しい方法論だ」と言い続けるのなら、情報アーキテクチャの専門領域が
発展する上で不可欠な人々の参加を遠ざけ、締め出すことにもなりかねない。

Part 5. 未来のアーキテクト（Tomorrow's Architect）

「専門家は、昆虫のためにあるものだ（Specialization is for insects：昆虫
と違って、人は限られた専門分野だけでなく、いろいろなことをできるよう
でなければいけない）」、と言われている。

　しかし、ウェブ初期においては、専門家のおかげで情報アーキテクチャと
いう専門領域が確立できた。そして、ニューエコノミーの好景気に雇われた
ウェブ開発者のリストラが進められている現在でもなお、そうした専門家が
いるからこそ、情報アーキテクチャの専門領域が守られている。

　どんな分野でも、こういったどんでん返しがあるものだ。「その場しのぎ
のニーズを満たそうとして、これまで長期にわたる専門領域の発展を犠牲に
しないこと」が、専門家の課題である。

　現在の経済状況に対して、私たちは「ビジネスにとって情報アーキテクチャ
は重要なのだ」とかたくなに主張してきた。こういったアプローチをするこ
とで、情報アーキテクトは専門家としてのポジションをちょっとだけ長く保
つことができるかもしれない。しかし、専門性を強調することは専門領域の
発展を妨げ、チャンスも無駄にしてしまう。

　情報アーキテクチャという領域に対して、マーケットが拡大し続けたとし
ても、（専門的な）役割に対するマーケットは小さいまま—領域に対する大
きなマーケットの、ほんの一部分にすぎないだろう。

　専門家は常に仕事があるだろう。「作業が多いため、社内に情報アーキテ

クトが必須だ」という組織もある。また、「常駐の情報アーキテクトは必要ないが、大規模あるいは重要なプロジェクトのあるときだけ、情報アーキテクトにコンサルティングを頼む」という組織もある。利益増加のために（経費節約のためではなく）ウェブサイトを利用する組織であれば、情報アーキテクトの専門性を伸ばすことの価値をすぐに理解することだろう。

しかし、情報アーキテクトの役割を果たす人々の大部分は、専門領域ばかりに専念できないものだ。社内に情報アーキテクチャ専門の社員を雇うほど仕事がある組織はほとんどない。大多数の組織において、ウェブ関連作業はコストのかかるところであって、利益を生み出すところではない。結果として、多くのチームは常に未熟で人員不足、そのうえ予算に苦しむことになるだろう。

運がよければ、情報アーキテクチャの仕事はチーム内の誰かに割り当てられる。その誰かとは、「ウェブデザイナー」とか「コンテンツエディター」、「プロジェクトマネージャー」と呼ばれる人たちだ。彼らにとって、ユーザーエクスペリエンスは、取り組むべき数ある問題のうちのひとつにすぎない。そして、彼らの行う仕事が、ウェブにおける情報アーキテクチャの大部分を構成する。

情報アーキテクチャの未来は、私たちではなく、彼らの手の中にある。

この専門領域の進展は、知識体系の発展と反復にかかっている。そしてその知識体系は、広範囲にわたる構造的な問題と潜在的な可能性を深く考察することにより、生じるのだ。私たちに必要なのはテストケースであり、そしてそのテストケースにじかに取り組むことで生まれる洞察である。

しかし専門家としては、そういったチャンスが限られている。1人の専門家が1年にできるプロジェクトは、一体いくつあるだろう。どう考えても1ダース以下、たいていはそれよりずっと少ないはずだ。その一方で、すべての専門家と多数の非専門家は、孤独に作業し、誰かがやった間違いを繰り返し、せっかく何かを学んでもシェアする相手すらいない状態である。

専門領域を発展させるためには、私たちは非専門家も含めて対話しなくてはいけない。その対話によって、知識体系の発展に貢献してもらうのだ。そ

うなると、今度は「専門領域と役割は別物で、さまざまな役割の人が情報アーキテクチャの専門領域を実践できる」という認識を持つ必要がある。

　さらに、非専門家の行う作業を、情報アーキテクトである私たちはできる限りサポートしなければならない。たいそうな調査方法論は彼らの役には立たない。なぜならそんなアプローチを取り入れられるほどの情報源も、サポートも、彼らにはないのだから。たとえ取り入れることができたとしても、調査とテストに熟達したからといって、ダメなアーキテクトが優れたアーキテクトになれるわけではないのだ。優れたアーキテクトには、それ以上の何かが求められるのである。

Part 6. 秘訣とメッセージ（Secrets and Messages）

「情報アーキテクトとして成功した秘訣は？」こう訊かれることがよくある。ここで、初めてその秘訣を明かそう。

　それは、私には直感がある、ということ。

　もちろん、直感さえあればよいわけではない。必要なのは、「優れた」直感。私の直感は、クライアントの直感よりも勝っていなければいけないのだ──勝っているからこそ、クライアントが私を雇うのだ。

　私の推察力は、ジャーナリズムを通して養われた。しかし、決して「情報アーキテクトはジャーナリズムの学校に行け」とか「地方紙でインターンシップをやれ」と言いたいのではない。必要なのは、既存の専門領域にとらわれない、新しいアプローチだ。

　誰もが、情報アーキテクチャから推察を取り除こうとしている。しかし、私たちの仕事に推察は必ず伴うものだ。さらに重要なことに、優れたアーキテクトとダメなアーキテクトの違いは、推察力なのである。

　もちろん、「情報アーキテクチャのプロセスに、調査はいらない」というわけではない。調査は直感を鍛える役に立つ。しかし、調査はあくまで「プロとしての判断に情報を与える」ものであって、「判断の代わり」にはならない。

権威あるエスノメソドロジー理論、コンテクスト探索、ヒューマンファクターテスト—これらを背景とした完璧な調査メソッドは、情報アーキテクチャの問題の大多数を解決しようとしている非専門家にとっては役に立たない。非専門家たちに必要なのは、推察力の質を高める—つまり直感力を高めるためのツールやテクニックだ。

　情報アーキテクチャを実践している人々のバックグラウンドはさまざまで、それぞれが異なる経験を活かして問題に対処している。違いがあるにもかかわらず、誰もが異口同音に言うのが、「この世界にはよりよいアーキテクチャが求められている」ということだ。

　調査データと形式化された方法論を使っても、必ずしもよりよいアーキテクチャにはならない。よりよいアーキテクトによってのみ、よりよいアーキテクチャが生まれるのである。しかし、今私たちが行っていることでは、よりよいアーキテクトは生み出せない。

　情報アーキテクチャは専門家が実践しなければならない、という定義はやめなくてはならない。この定義を基に仕事を続けていくなら、この領域はやがて停滞し、崩壊してしまうことだろう。現在、私たちが構築している知識体系は、熱心な専門家や、調査に費やす莫大な時間と費用を基本条件としている。しかし、こんな条件のせいで、現実社会の問題がほとんど締め出されてしまっている。こうしたアプローチでは、私たちが専門化を進めれば進めるほど、現場のアーキテクチャとのギャップが広がることになる。

　雑誌の編集者と同じで、未来のアーキテクトには、何週間もかけてゆっくりと繰り返しデザインをする余裕もなければ、解決策をテストする余裕もない。すぐに結果が必要で、そのためにより優れた直感が必要だ。この領域を維持するコミュニティとして、私たちは直感を養うスキルの向上に努めなければいけない。必要なのは考えるためのツールであり、秘密の公式ではない。スキルであって、ルールではない。

　広く適用できるツールを作るには、情報アーキテクチャの仕事に関してより深く創造的思考を理解しなければいけない。そしてツールを提供したら、次は非専門家が私たちと同じランクに加わることができる方法を提供しなけ

ればならない——ここでも、メソッドの知識より、論証可能なスキルが重要だ。情報アーキテクチャの領域では、彼らが新しい考え方の源泉なのだから、私たちは彼らの参加を奨励していかなければいけない。

　情報アーキテクチャが実践されるかどうかは、意思決定者である企業次第だ。その企業は、ニューエコノミーの停滞で、ちょっと不安を感じている。「治療薬」と言われて、役に立たないオファーを何度も受けてきたからである。

　これは、私たちにとってすばらしいチャンスだ。ここでの私たちの選択が、将来のこの分野の認識と、今後の方向性を形作るのだから。

　私たちが誠実かつ説得力のある、正しいメッセージを送れば、きっとそれに足るだけの信頼と尊敬を得ることができる。逆に、プロの判断よりも偽科学を強調したり、企業のエグゼクティブに会社の運営方法を諭したりして間違ったメッセージを送ると、失望が続くだけだ。

　以下が、私たちが送るべきメッセージだ。

　情報アーキテクチャという領域は、さまざまな役割の人が実践できるものだ。アーキテクチャは、単なる情報検索以外にも、さまざまな目的のために構築される。アーキテクチャの成功のために欠かせない要因としてもっとも重要なものは、アーキテクトのスキルである。このスキルは、経験にもとづくプロの判断と、調査結果の思慮深い考察、そして体系化されたクリエイティビティを組み合わせることで応用される。このスキルは、専門家と非専門家の両者によって等しく培われ、適用されていく。

　私たち情報アーキテクトを価値ある存在にしてくれるものに対して、私たち自身が誠実になることによってのみ、他の人々にもその価値を説得できる。知識を出し惜しみしなく提供することによってのみ、私たちはその恩恵を受けることができる。そして、こうした考えを全面的に受け入れる文化を作り上げることによってのみ、私たちは情報アーキテクチャという専門領域を発展させられるし、今後の成功を確実なものにできるのである。

Jesse James Garrett
2002 年

訳注:この解説は本書日本語版オリジナルで書かれたもの。

● 「ia/recon」（初出2002年）への著者による解説

　2001年、ドットコム企業の破綻という厳しい現実に直面したとき、UXはまだ始まったばかりといったかんじでした。今思うと信じられないことに、私たちはその時を選んでAdaptive Pathを立ち上げていたことになります。その時私たちは、UXコンサルティングサービスを提供するビジネスは必ず成り立つと確信していたのです。

　信じられないかもしれませんが、その当時、テクノロジー、ビジネス、そしてデザインに携わる多くの人が、UXについて懐疑的でした。それもまた怪しいドットコムの話に過ぎず、その中身は空っぽではないかと疑っていたのです。

　確かに最初は不安定な状態でした。立ち上げ初年度は、私たちの事業だけでなく、UXというアイデアそのものを、何とかして企業に売り込む方法を学ぶ段階だったのです。私は、クライアントのもとに行くため長時間電車に揺られながら、この分野全体で拡大と崩壊が同時に起きている状態について思いを巡らせるうちに、6つのパートへと考えがまとまりました。そこで、6つのパートからなるエッセイを6週間にわたって公開することにしました。

　当時、UXを実践する人の呼称としては「情報アーキテクト」が主流でした。この分野には「予備調査（reconnaissance）」と「再考（reconsideration）」が必要だと感じていたことから、このエッセイのタイトルは「ia/recon」となりました。今、ひさしぶりに読み返してみて思うのは、エッセイで取り上げているテーマが、コミュニティや世の中でのあり方に関する議論の中で、いかに反響を呼び続けるものであったかということです。

　私には時に思いがけずこのような議論を引き起こしてしまうところがあります。

Jesse James Garrett
2022年4月

セブンシスターズ
The Seven Sisters

プレアデス星団はオリオン座の星団で、「セブンシスターズ（7 姉妹）」とも呼ばれ、古代ギリシャでは季節の変化を知る目印とされていました。日本では「すばる」と呼ばれています。「すばる」とは「一緒になる」、「ひとつになる」という意味です。

● Talk #1

いくつかお礼の言葉を述べさせていただきます。

まず、カンファレンス主催者の皆様、本日はお招きいただきありがとうございます。この場にいられることを光栄に思います。

次に、本日お集まりの皆様、今回もスライドを使わずに読んでいきます。ご辛抱いただくことに感謝いたします。このような講演になったのは、いろいろと考えていたことがあって、それをさまざまな形でつなぎ合わせていったのですが、納得のいく形にまとまりませんでした。そこで本日は、1 つの長いお話をするのではなく、7 つの小さなお話をしたいと思います。同じ母親から生まれた 7 人姉妹のお話です。そう、今日は母の日ですね。おめでとう！　お母さん、お元気ですか？

さて、どこから始めましょうか？

● Talk #2

初めからお話したいと思います。私たちが若かった頃の話から。私や皆さん自身のことではなく人類が若かった頃の話です。その時代、電話や車、会社といったものはありません。今とはまったく異なる環境で生きられるよう人類は進化してきました。私たちの身体、心、能力はすべて自然界で生きる

2016年5月8日、米国ジョージア州アトランタで開催されたIA Summit 2016クロージングプレナリーでの講演トランスクリプト。

訳注：本稿の原文は、以下に掲載されている。
https://medium.com/@jjg/the-seven-sisters-9c2a7c49c0d0

169

のに最適化されていました。私たちが経験することはすべて、何らかの形で周囲の自然から生み出されたものでした。何千年もの間、私たち人類は水・空気・土・火で構成される世界の自然淘汰によって磨かれ、洗練されてきたのです。

しかしその後、私たちはそれを超えることを学びました。心と身体の驚くべき力を利用して、この世界を作り変え、さらには自身の経験までも作り変えることを学んだのです。元素や物理法則を利用する方法を学び、科学、技術、工芸、そして多大な努力によって、人類は皆さんや私が住むこの世界を創り出しました。人類を受け入れ、そして、その生活と繁栄を促す活動をもたらす場となる世界です。

そのため、私たちは自分たちで作り上げたシステムに組み込まれて生活しており、自然界は私たちの日常生活にはほとんど関係のない遠い存在になっています。しかし、ここで問題なのは、私たちが進化を追い越したということです。数千年の間に、自然との戦いから、遭遇するすべてのものが人間のニーズを満たすために人間によって作られた環境で一瞬一瞬を生きるようになりました。

しかし、ここで疑問が生まれます。日常生活の中で、どれだけのことが意図的に起こっているのでしょうか？　私たちは、自分たちのために作られたあらゆるツールやシステムを利用していますが、それらは私たちのために作られたのでしょうか？　これらのエクスペリエンスは意図的にもたらされたのでしょうか？

私たちの日常生活のパターンは、人工的な人間環境を構成する製品、サービス、システムによってプログラムされています。指が覚えている携帯電話の操作から、ドアノブや電子レンジ、サービス業の人々とのインタラクション、さらには都市や町を移動する方法を形作るレイアウトやゾーニング、交通規制に至るまで、すべてがこの世界の個々のエクスペリエンスを導き、ペースを決めているのです、摩擦と流れの波の中で。

私たちの生活のどれだけがデザインされたエクスペリエンスなのか、あるいはその可能性があるのかに気づき始めると、とても興味深いです。私はか

つて、エクスペリエンスデザインの考え方は後天的に身につくものであり、その治療法はない、と考えていました。つまり、デザインされたエクスペリエンスのレンズを通して世界を見るよう教育されたり育てられたりした人はほとんどいないということです。しかし、ひとたびそうするようになれば、もう止めることはできないようです。小さな選択の積み重ねによって、私たちの世界を形成する、部分的にしか目に見えないシステムが作られていることに気づくだけで、世界の見方や動き方が変わってくるのです。

● Talk #3

　Talk #3 では、人間について多くを語り、ユーザーについてはあまり語りません。2009 年のカンファレンスで、私が「ユーザー (user)」という言葉を私たちの仕事の重要な枠組みとして弁護したのをご存じの方は、そのことに違和感を覚えるかもしれません。私は今でもユーザーの重要性を信じていますし、「使用 (use)」は重要だと思っています。しかし、「使用」の意味をより掘り下げて考えるうちに、それはより大きな物語の一部でしかないと思うようになりました。すべてのエクスペリエンスがユーザーエクスペリエンスであるとは限らないからです。

「使用」という概念はとてもシンプルでとても基本的であるように思えますが、ユーザーエクスペリエンスとその他のデザインされたエクスペリエンスを分けて考えてみると、多くのグレーゾーンが存在します。では、何が違うのでしょう？　それは、そのエクスペリエンスの価値がどこから来るか、ということに尽きると思われます。エクスペリエンスの価値というのは、エクスペリエンスそのものにあるわけではなく、私たちが達成しようとするのをエクスペリエンスが助けることにある、ということです。それが「使用」ということです。実際、私たちが何かを使うとき、それを使うエクスペリエンスは、私たちがそれにかかわる理由ではありません。エクスペリエンスの価値はエクスペリエンスの外側にあるのです。

　しかし、こうした外側に価値を持つエクスペリエンス、つまりユーザーエクスペリエンスだけが、人間が創り出すエクスペリエンスというわけではな

く、私たちのエクスペリエンスの多くには、本質的な価値があります。つまり、エクスペリエンスの価値はそれを経験することにあるのです。これは芸術、音楽、数百万の人間の創造的努力のエクスペリエンスです。こうした文化的なエクスペリエンスには、その存在以上の価値も目的もありません。

　文化的なエクスペリエンスは、たとえ作り手がデザイナーでなくても、ユーザーエクスペリエンスに劣らずデザインされています。その意味では文化的なエクスペリエンスの方がよりデザインされていると言えるかもしれません。それは、ユーザーエクスペリエンスにおけるタスクの優位性が、エクスペリエンスそのものの優位性に置き換わるからです。エクスペリエンスを生み出す過程全体が意識的な意図をもって行うことであり、有用性だけを成功基準とすると、その意図が抜け落ちてしまうことがあります。

　そこで問題なのは、その両方のエクスペリエンスに適用できるような、個々の原則と実践のセットがあるのか、ということです。そのようなセットを定義するには何が必要でしょう？

● Talk #4

　私と一緒に思考実験をしてみましょう。

　銀河系を旅し、その素晴らしい先端技術を他の種族に伝授している友好的な宇宙人から地球にコンタクトがあったとします。これは「トワイライト・ゾーン」［訳注：米国の SF テレビドラマシリーズ］のエピソードではなく、何の仕掛けもありません。彼らは純粋に私たちを助けたいと思っているのです。彼らのさまざまなテクノロジーは、人間生活のあらゆる側面に応用できます。このテクノロジーを中心に世界のシステムを再構築することで、人間は不必要に苦しむこともなく、喜びと充足感に満ちた生活を送ることができるのです。

　ただ、ひとつだけ問題が。そのままではこの宇宙人の優れたテクノロジーを使うことができません。私たち人間が理解するには高度すぎるし、何よりも人間が使うことを前提に作られていないのです。宇宙人はそれを使って何か作ることはできても、人間を見たこともなければ、人間が体験するものを

デザインしたこともありません。そこで、宇宙人が私たちに解決策を提示してくれました。私たちが宇宙人に、人間が使うものを作る方法を教えてあげればよいということを。

そこで、政府か国連、またはそれなりの権力を持つ誰かが、マンハッタン計画［訳注：第二次世界大戦中に米国で進められた原子爆弾製造計画］のようなものを招集します。その目標は、人間がどのように世界を経験しているかを説明した手引書、おそらくはかなり分厚い本を書いて宇宙人に読んでもらい、人間が使うものを宇宙人に作ってもらうことです。さて、あなたがこのプロジェクトの編集長になったとしましょう。あなたなら、誰をチームのメンバーに加えますか？

人間のエクスペリエンスについて、あなたが宇宙人に教えたいことは何ですか？

人間の体について知ってもらいたいですよね。身長はどのくらいか、快適と感じる温度は何度か、どのくらいの力でボタンを押したりハンドルを回したりするのか、といったことです。医者やスポーツトレーナー、解剖学の専門家に加わってもらえばいいですね。

人間の感覚についても教えるべきでしょう。人間が感知できる光や音の波長、人間の美的感覚について、そして人体内のさまざまな神経系が、触覚を通して周囲環境の情報を伝える仕組み、空間内の体の状態を感じとる能力など。神経科学者や芸術家、音楽家も必要ですね。

人間がどのように考えるか、どのように環境から意味を見出し、論理を適用し、アイデアのモデルを作るのかも教えたいです。心理学者、教師、あらゆる分野のコミュニケーターにも加わってもらいましょう。

人間の感情についても知ってもらいたいですね。恐怖や怒り、驚きや喜びの無限の色合いやバリエーションについて、そして私たちが世界の中でどのように行動するか、さまざまな選択をするために、いかにそうした感情を頼りにしているかを教えることになります。もっと多くの心理学者や作家、芸術家もメンバーに加えたいと思います。

そして、これらすべてのエクスペリエンスが、他の人間とのインタラクショ

ンによってもたらされる仕組みを説明する必要があります。私たちのエクスペリエンスは、たとえ周りに誰もいなくても、常に他の人の影響を受けています。周囲の人々、あるいは自分の人生の中でかかわる人たちとのつながりを感じることで、私たちのエクスペリエンスは違ったものになります。この点については、社会心理学者、人類学者、加えてワークショップのファシリテーターからも教えてもらえることがあります。

少し本題から外れますが、後で戻ることにして、ここでエクスペリエンスの対人的な側面についてもう少しお話ししたいと思います。

私たち人間は互いにつながっています。私たちの脳の膨大な量は単に他の人に起きていることを感じとり、解釈し、理解しようとすることに費やされています。地平線上を動くぼんやりとしたシルエットを、わずかな視覚情報だけで歩いている人だと認識することができます。雲に顔を、木に人影を見出すことができるのは、私たちが常に環境の中にいる他者の存在に順応しているからです。

皆さんは、自分が属する集団に新しい人が入ってきて、集団全体の感情の動きが変わった、といった状況になったことはないですか？　その人の快活さに感化されて、みんなで笑い合ったり陽気に話したりするようになった、あるいは全体の足を引っ張るようになった、といったことです。このようなエクスペリエンスを「buzzkill（ムードに水を差す人や事）」という言葉で表します。これは対人関係の感情的な順応、つまり人間関係が各人のエクスペリエンスを形作った結果であり、人間は1対1から数万人の集団まで、さまざまな規模でこうすることができます。

できるというだけでなく、そうする必要があるのです。人間は常に人とのつながりを求めています。無人島にひとり取り残されるのは、狂気への片道切符だと本や映画が教えてくれます。そして、人を殺すことを除けば、人間社会における最も厳しい罰は「隔離」です。独房監禁、つまり他の人々とのかかわりを断たれるのは、最も非情な犯罪者でさえ必死に回避しようとするのです。

　私たち人間は隔離されるためではなく、互いにつながるためにこの世に存在しています。私たち一人ひとりが、人間の心と精神の、より小さな、そしてより大きなネットワークの一部であり、誰もが人類という大きな生命体の構成要素なのです。

　しかし、私たちが人々のエクスペリエンスをデザインするとき、それを単独の体験として扱うことがほとんどです。人と人のつながりがどのようにエクスペリエンスを形成するのか、うまく説明できませんが、エクスペリエンスの決定要因となるのは確かです。あまり好きではない同僚とディズニーランドに行ったことのある人なら、誰もがその証人になってくれるでしょう。

　では、宇宙人に向けて書く本の話に戻ります。

　この本を書くのに必要なあらゆる専門知識について考えてみてください。このように多種多様な視点、さまざまなレンズを通して、人間のエクスペリエンスを見ていくわけですが、これらの専門家が一堂に会したらどうなるでしょう？　各々のユニークな視点を並べると、そこからどんな新しい視点が生まれるでしょう？　誰もがパズルの一部分しか持っていなかったために、これまで見えなかった私たち人類の全体像について、どんなことがわかってくるでしょう？

　では方程式から「宇宙人」を除いてみましょう。もし、私たちが自分たちのためにその本を書いたとしたらどうでしょう？　もちろん、一冊だけでなく、人間のエクスペリエンスの本質を網羅した百科事典を書いたとします。

　その知識を使って何をしますか？　その知識をどのように使いますか？

　エクスペリエンスデザインの仕事は、単に多様な視点があればうまくいく、というだけでなく、それが必要なのです。人間のエクスペリエンスはあまりに多様で曖昧、そして主観的で創発的なものであるため、どのようなマスターフレームワークにも当てはめることができません。個々の問題に対してさまざまな視点を組み合わせることで、エクスペリエンスの全体像を把握することができるのです。

　問題解決のためにエクスペリエンスデザイナーが持ち寄る視点は、人間の現象に関する知識や、その専門分野のスキルだけではありません。その人特

有のもの、すなわち性格や経歴、性別や人種、性的アイデンティティ、文化的背景といった、個々のエクスペリエンスを構成するさまざまな要素が含まれています。こうした多様な個性の中から生じる豊かさは、人間のエクスペリエンスを理解し、それを創造するために不可欠です。

　だから、私たちにもそういう多様性が必要なのです。多様性はすでに十分私たちの役に立っています。例えば、私は個人的に、このコミュニティで女性がリーダーシップを発揮してきたのは素晴らしいことだと感じています。このコミュニティに女性がもたらしたものから、私は多くの知識とインスピレーションを得てきました。そう思っているのは私だけではないはずです。女性の声を聞き、女性のリーダーシップを推進してきたことで、この分野全体が計り知れない恩恵をもたらされたのです。

　ここで、あまり言いたくありませんが、多様性についての苦言をひとつだけ。この部屋を見渡してみると、私たちがいかにバランスを欠いているかわかると思います。こんなことはわかっているはずです。私たちはもっとよい仕事ができるはずであり、そうすることを求められています。同じ社会経済的背景、同じ文化的背景、同じトレーニング、同じベストプラクティスを持つ人々のチームから、多様な奇人変人の集まりに見出されるような可能性は生まれないでしょう。私たちはもう少し変人になれると思うのです。私の変な友人、Peter Merholz［訳注：Adaptive Path の共同創業者］が昨日言っていたように、あなたの個性を存分に発揮してください。

● Talk #5
　私たちの仕事は、多様であるからこそ無限のように感じられ、怖気づいてしまうかもしれません。でも、私たちが直面している問題はただひとつ、このように急速に拡大し、多様化する空間の中で、私たち一人ひとりがどんな仕事をしたいのか、ということです。私たちのより大きな目的、私たち一人ひとりのキャリア形成に最も役立つのはどんな仕事でしょう？

　今、私自身のこれまでの選択を振り返ってみると、そのパターンが見えてきます。これまでどんな問題に興味を掻き立てられたのか、そうした問題に

共通するのは何か、といったことを考えてみると、「この仕事の境界線は何か」ということが、私にとってますます重要な問いになりつつあります。

この13年間、変動の激しいデザインコンサルティング市場でAdaptive Pathを主導するうちに、私たちの目標が見えてきました。それは、応用技術を通じてこの問題を探る、ということです。私たちは、さまざまな文脈で使用できる幅広いツールや実践を開発してきたわけですが、果たしてどこまで行けるでしょう？

遠くまで行けば行くほど、波及効果も大きくなることがわかりました。ウェブからモバイルへ、次に製品からサービスへ、そしてデジタルからマルチチャネル体験へと、視野を広げていくに連れ、より広範なプロジェクトが、クライアントにとって最も大きな違いをもたらすことを何度も確認してきました。

このように、常に変化し、拡大していく状況の中で、私が繰り返し問いかけてきたことは、私たちの仕事の範囲とは何か、それはこの世界にとって、そしてこの仕事にかかわる私たち一人ひとりにとって、本当はどんな意味があるのか、ということです。このような問いは、必然的に理論と実践の問題につながります。

情報アーキテクチャ、ひいてはエクスペリエンスデザインには、常に知的な努力と産業的な努力の両方が必要でした。これは2000年に開催された第1回IA Summitに、図書館学専門家と現職デザイナーの両方が参加していたことから明らかで、以来この分野にはそうした二重性が見出されます。

それは望ましいことであり、理論と実践の対話は、私たちの仕事の発展に不可欠なものです。実践との対話なく追求された理論は内に向かい、やがては永遠に循環し続ける抽象化のシステムとなります。その先にあるのは、多くの学問領域で見られるような、他の抽象概念だけです。理論への探求を伴わない実践は、単なる商業活動に過ぎず、市場に対する価値だけで評価されることになります。

ですから、私たちは両方やらなければなりません。

私たちの仕事の哲学的土台を探ることで、それをどこで、どのように適用

すべきか、より理解することができます。何ができて、何ができないのかを
より明確に理解できるのです。ただし、その哲学が有益か否かは、実践によっ
て検証するしかなく、それは容易なことではありません。私たちには、単な
る職人に止まらず、この分野そのものを意識的に形作り、答えがないような
問題にも積極的に取り組んでいくことが求められるのです。

　エクスペリエンスとは基本的に創発的なものであり、変化する意識のパ
ターンと、刻々と展開される現実との相互作用から生じるものです。だから
こそ、私たちの仕事には常に時間の側面が存在するのであり、静的で時間と
関係ないように見える情報アーキテクチャにさえ、時間の経過とともに展開
される使用パターンの想定が組み込まれています。

　さらに、エクスペリエンスの本質については、意識と格闘せずして深く語
ることはできません。意識というのはエクスペリエンスの中心にある、人知
では知ることのできない特異なものです。互いに絡み合っているので、一方
が他方なしでは存在しません。もつれあっていると言ってもいいかもしれま
せん。

　皆さんの中で、哲学を専攻していた方ならおわかりのことと思いますが、
意識というのは厄介なもので、ワイヤーフレームのレビューで話題にするの
は難しいのです。しかし、意識について考えたり話したりする能力は、人間
のエクスペリエンスを考えるデザイナーが持つべき特性だと思います。

　私たちの意識は、エクスペリエンスの創発的な流れの中で、アウェアネス
（気づき、自覚）または注意のパターンとして現れます。意識は均一でも静
的でもなく、絶えず動いており、集中から潜在意識下のアウェアネスに至る
まで、エクスペリエンスのさまざまな側面をその対象として刻々と上がった
り下がったりします。

　こうしたパターンは、少なからず、私たちがその時々のエクスペリエンス
に与える意味の枠組みによって決まります。この枠組みこそが、情報アーキ
テクチャの真の領域なのです。私たちは出会ったアーキテクチャを自分の中
に取り込むわけですが、実際、それが全体のポイントで、そのアーキテクチャ
が私たちのその後のエクスペリエンスを形作っていきます。

　エクスペリエンスは意識の中を流れ、意識の形を変えていきます。あなたの注意がどこに向かうか、あなたが意識的なアウェアネスに何を引き込むかは、あなたの過去のエクスペリエンスと、人間の心理と行動の法則によって決まります。慣れ親しんだパターンがさらに強化されます。エクスペリエンスは意識によって形作られます。私たちの思考、感情、行動、知覚のパターンが、私たちのエクスペリエンスに影響を与えるからです。

　エクスペリエンスの本質は、完全に捉えることも、完全にデザインすることもできない、ということです。モデル化できないものを形作ることはできません。そして、人間のエクスペリエンスは主観的で形がなく、刹那的で創発的なものであるため、モデル化するのは極めて困難です。このことが、そもそもエクスペリエンスデザインというものが存在するのかどうか、という多くの不安の原因だと思います。それはデザインという分野がどのようなものであるかということについて人々が持っているモデルにフィットしません。

　Jared Spool［訳注：Center Centre、UIE の共同創業者］が金曜日に「デザインとは人間の意図を表現すること」と説明しましたが、まさにそのとおりだと思います。しかし多くの人にとって、デザインとは意図ではなく、処方箋のようなもの、つまり明確に定義された問題に対し、完全で完璧な解決策を厳密に定義することです。多くのデザイン分野では、意図はあまりにも曖昧ですが、私たちの分野では間違いなく必要です。デザインに特定のツールや手法、伝統、アウトプットなどの制約を課したり、完全に解決できる問題にしか適用できないと定義したりすることは、もうやめなければなりません。

　ですから、エクスペリエンスデザインの課題は常にこうなります。どこまで行けるのか？　人間のエクスペリエンスの全体像にどこまで近づけるのか？　もちろんそれが基本的に不可能なことはわかっていても。私たちはこの仕事を通じて、そのエクスペリエンスにどれだけ影響を与えることができるのか？

　私たちは常に不可知の真実に対する不完全な理解にもとづいて、不完全な解決策を生み出すとわかっていても、それでもやはり、とにかくやってみるしかないと思うのです。別の言い方をすれば、言葉で言い表せないようなも

のに直面したら、「言葉にできる」と言ってみましょう。

さて、どこまで話しましたっけ？　ああ、「人類の運命」についてでしたね。

● Talk #6

日常生活のパターンは、人間が行う無数の小さな個々の決定の結果であるシステムによって形作られ、そのシステムが今度は人間のエクスペリエンス、そして人間の意識を形作ります。

しかし、これらのシステムは明確な結果として人間のエクスペリエンスを念頭にデザインされたものではないため、私たちには役に立たない方法で人間のパターンや人間そのものを形作っています。率直に言って、21世紀を迎えた今、あらゆるものがテクノロジーによって便利になったにもかかわらず、日常生活に大きな打撃を与える可能性があります。

人間は人間のために作られたわけではない世界に生き、その世界によって形作られています。ただでさえストレスの大きいシステムとかかわり続けていると、一種の感情的 RSI（Repetitive Stress Injury：反復性ストレス障害）を発症します。人間のエクスペリエンスを念頭に置いて作られたわけではない機械の中で生きることを余儀なくされ、私たちは自分が多少なりともこの人工的な世界の犠牲になっているように絶えず感じています。このように、少しずつ自分自身が削り取られていくような小さなインタラクションを重ねるうちに、私たちは失望し、落胆し、苛立ち、まるで人間性が失われていくように感じます。「自分はこれができる」と実感できる機会を奪われ、自分が不完全で劣った人間だと感じるようになります。

しかし、忘れてはならないのは、この世界が、Jessica DuVerneay［訳注：RS21社のUXディレクター］が金曜日に言っていた「構築された世界」だということです。これは人間が都度行ってきた意思決定によって構築された世界なのです。もしそうした決定が人間のエクスペリエンスという結果を念頭に置いてなされていたら、もしそれを実行するシステムと人間の組織が、人間のエクスペリエンスのために調整されていたら、日常生活で気持ちが荒んだりはしないでしょう。

　私たちは既にそうした意思決定をしており、今後も意思決定をしていきます。ただ、そのやり方は変える必要があります。

　ですが、エクスペリエンスに向けて連携するには、単にタッチポイント間の取り組みを調整するだけでなく、それ以上のことが求められます。最終的なエクスペリエンスに影響を与える上流の意思決定は、すべてエクスペリエンスのレンズを通して行う必要があるのです。これは簡単なことではありません。

　人間のエクスペリエンスという結果を念頭に意思決定を行う体系的な方法というものはなく、決定を下す個々人の判断に頼ってきたわけですが、自らの選択がエクスペリエンスにどんな結果をもたらすかわかっている人は少なく、中には、率直に言って、どうでもいいと思っている人もいます。

　Lisa Welchman［訳注：デジタル政府に関するコンサルタント兼コーチ、『Managing Chaos』（2015 年、Rosenfeld Media）の著者］がオープニングの基調講演で思い出させてくれたように、組織は人間でできています。そのため、私たちは組織が人間のように振る舞うことを期待しますが、組織は人間ではありません。モンスターなのです。人間でできたモンスター。組織の中では人間がシステム、プロセス、インセンティブ、階層によってまとめられ、協調して働いています。しかしこのモンスターは自分のために生きることしか知らず、自分に最適化します。組織の活動や意図は必ずしも残酷だったり有害だったりするとは限りませんが、人間にもたらす結果を常に意識しているわけではありません。

　私たちエクスペリエンスデザイナーが作っているのは、モンスターに配慮することを教えるためのツールです。それは人間のエクスペリエンスを理解し、それにもとづいて行動できる体系的な方法です。私たちは、組織が優先順位を決めてリソースを配分する、そのやり方を変えたり、役員を含むすべてのレベルでエクスペリエンスを考慮したりする、そのやり方を示しているのです。

　このように変えていくのは必ずしも簡単ではなく、すぐにできるわけでも、誰もが同じペースでできるわけでもありません。20 世紀から引き継がれた組織や経営のモデルは、当然ながら変化に抵抗し、人々はそのモデルに深く

訳注：『Managing Chaos』は
2022年日本語版出版予定

投資しています。そう、私たちは、知っていた唯一のやり方を守ろうとする組織と戦うことになるのですが、モンスターはウイルス感染に対する抗体を持っています。

　私たちが効果的にやろうとしているのは「共感」を操作することです。私たちは、人間中心の意思決定の方法を定義することで、人間でできているモンスターを、もう少し人間に近いものに変えているのです。

　もちろんこの世界に、人類があらゆるエクスペリエンスデザインを駆使しても単純に解決できないような、深く体系的な問題が数多く存在するのはわかっています。それでもやはり、人間の共感と理解に根ざした意思決定を組織のプロセスに導入できれば、それらの問題に取り組む人々にとってもプラスになるのではないかと思います。

　私たちは共感力の高い戦士であり、カルチャーハッカーであり、組織が何をするかだけでなく、組織の考え方を変えようと努力しています。私たちは、そうしたことを知りもせず気にもかけないシステムに直面しても、「思いやり」の擁護者です。そして私たちが創造するものに出会う一人ひとりを尊重し、敬意を払うことを目指します。私たちがかかわるすべての組織の文化に、そうした尊重と敬意のマインドをもたらします。

　私たちの目標は、20世紀から引き継いだ非人間的な機械を解体し、そこからまったく新しいものを生み出すことであり、思いやりと敬意にもとづき、人間性と人間のエクスペリエンスが意思決定の体系のなかで考慮されるような組織を作ることです。これは、私たちに課せられた使命であると同時に、明白な宿命なのです。

● Talk #7

最後にもうひとつ。

　もし私たちが成功したら、と想像してみてください。この世界のシステム、すなわち人間が人間として扱われていない世界を知らない人々が親となり、

祖父母となっている、数十年後の世界を想像してみてください。その世界では、人々はどんな子供時代を送るのでしょう？　彼らはどんな大人になるのでしょう？　そして、その世界のシステムで働く人々はどうでしょう？　彼らは日々の仕事の中で、思いやり、理解、敬意の大切さと必要性を教えられてきました。その日の仕事を終えたときの彼らの姿を、想像してみてください。

　どんな人々が思い浮かびますか？　友だちや恋人、道行く見知らぬ人との接し方はどうでしょう？　仕事中と同じ原則が、それぞれの人生の中でも体現されているでしょうか？

　そうした人々はどのような世界を作るのでしょう？

　ここにいる私たちの誰も、その世界を目にするまで生きていることはありませんが、そのような未来は可能なのです。私たちがそう望むと心を決めれば。

　ご清聴ありがとうございました。

Jesse James Garrett
2016 年

訳注：この解説は本書日本語版
オリジナルで書かれたもの。

●「セブンシスターズ」（初出2016年）への著者による解説

IA Summit（近年 IAC: Information Architecture conference と改称）は米国を拠点とするカンファレンスで、私のキャリアにおける極めて重要な瞬間が何度か生じた場です。UX コミュニティが誕生してまもない頃、このカンファレンスは、他の実践者と出会い、それぞれの仕事について有意義な意見交換をする主な機会のひとつとなっていました。第 1 回 IA Summit は 2000 年に開催されたのですが、そこで私は奇妙で楽しい初めての経験をしました。それまで会ったことはないけれども私の著作物を読んでくれていた人たちと出会い、それがきっかけで連絡を取り合うようになったのです。

私は、テネシー州メンフィスで開催された第 10 回 IA Summit で、クロージングプレナリーの講演を依頼されるという、このコミュニティにおける特別な名誉を授かりました。そこで私は挑戦するような、ある意味、実験的な内容の講演をしたのですが、それは「メンフィスプレナリー」と呼ばれるようになりました。そのときの講演は、私の常である「より大きな対話を促す」きっかけとなり続け、その一部は、その後何年も IA Summit で議論されることになりました。

このカンファレンスでは非常に珍しいことですが、2 回目のプレナリー講演をさせていただくことになりました。そこで、これまでとは違うトーンだけれども、講演の形式は同じ、というのを試してみようと思いました。その結果、（ある意味では ia/recon の構成を引き継ぐ形の）長さの異なる 7 つのショートトークから成る講演になりました。

この講演の内容を、本書の最後に掲載することにしたのは、私たちがともに行う仕事の本質的な可能性に関する私の考えがそこに網羅されていると思うからです。私たちの仕事が今後も世界中のすべての人にポジティブな変化をもたらす力であり続けますように、という私の願いを感じとっていただければ幸いです。

Jesse James Garrett
2022 年 4 月

かつてない成功を収めるUXデザイン、リーダーたちが失望しつつあるわけ ー私たちはどこで間違えたのか？

UX design is more successful than ever,
but its leaders are losing hope. Here's why
Where did we go wrong?

20年前、UXデザインがラボを飛び出し、本格的な産業へと発展し始めたとき、未来はとても明るく見えました。UXは、一握りの実務家の漠然とした関心事から、一夜にして何千人もの増員を必要とする急成長産業となったのです。それ以来、さらなる成功、影響力の強まり、何よりもユーザーにより多くの喜びをもたらす、というストーリーが続いています。

私はそのストーリーの重要な転換期に立ち会いました。2001年にAdaptive Pathというデザインエージェンシーを共同設立した私は、ユーザーエクスペリエンスとユーザー中心デザインの到来という、デジタル製品の大きな変化の波の最前線にいたのです。私たちが開発したツールやコンセプトの多くは、その後に誕生した多くのUXプログラムのスタンダードとなりました。最近は、コーチとして、UXリーダーとUX分野の方向性についての議論を続けています。その中で何度も何度も耳にするのがこの質問です。「私たちはどこで間違えたのか？」

おかしな質問に聞こえるかもしれません。なぜなら、ある意味、UXにとって今ほど素晴らしい時代はないからです。UXは巨大分野となり、成長し続けています。生み出されるデザインの多くが、かつてないほど質の高いものになっています。しかし、この分野に長く携わってきた人たちにとって、その光の裏側には暗雲が立ち込めています。

業界では、UXは探究と洞察による経営の新たな哲学であるという、暗黙の了解がありました。そこでは、新たな創造的探求が人間の行動に関する新たな問いを生み、その問いが新たな製品、新たな価値の機会を定義する原動

訳注：本稿は2021年にFast Companyに寄稿した記事。原文は以下に掲載。
https://www.fastcompany.com/90642462/ux-design-is-more-successful-than-ever-but-its-leaders-are-losing-hope
なお、本稿は「デザインビジネスマガジン"designing"」にも別訳版が掲載されている。
https://note.designing.jp/n/ne39dbd916b3e

力となります。また、UX の文化でも、私たちが作ったものを使う人たちに対して、そして、使うことで形作られた彼らの生活やエクスペリエンスが私たちとはかなり違って見えたとしても、ある程度の敬意や思いやり、純粋な謙虚さが必要とされているようでした。この見解どおりなら、こうした考え方に触れる機会が増えることで需要が高まり、人間中心設計への関心の高まりを受け、人間中心設計を重んじる企業が増えていくはずでした。

　はっきり言います。実際にはそうなりませんでした。

　チームがより深く、より繊細なユーザーニーズに対応しようと考えを巡らせるかわりに、製品デザインの実践はますます洞察にもとづくことがなくなりました。近年、多くの組織における UX プロセスは「UX 劇場」（2018 年に Tanya Snook が考案した概念［訳注：ユーザー中心デザインを実践しているように見せかけること。プロセスにユーザーを巻き込まない、ユーザー調査などを実施したかのように装う、実施しても結果を反映しない等。］）に過ぎません。無知なビジネスリーダーや希望に満ちた UX 採用の新人に、しっかりとしたデザインプロセスがあると思わせるため、最低限の見せかけと正当性のようなものを整えているだけです。どれほど多くの UX リーダーたちが、この分野の言葉や考え方が部外者によって取り込まれ、潰されていくのを見てきたことか。部外者は、実践の根底にある原則をまったく知らず、気にも留めません。私たちは、彼らと意思疎通できていたつもりでしたが、実際には搾取されるように仕向けられていました。企業は、既存の取組みに最も適した UX の断片を選び、画面上のボタンの色以上に影響が及ぶであろう、不都合な問いにつながりそうなものを避けてきたのです。

　その取組みのひとつが「アジャイル・トランスフォーメーション」［訳注：アジャイル開発の手法を組織運営に取り入れ、自律的かつ協調的で、変化に対して素早く柔軟に対応できる形態へと変革・変容すること］で、開発者の効率を高めるためにプロセスを最適化し、組織を作り直す営みを指します。アジャイル・トランスフォーメーションは、目的を明確にできない企業にう

んざりしている開発者にとって好都合でしたが、おそらくより重要なのは、エンジニア部隊の生産性を最大化したい企業にとっても好都合だったことです。しかし、トランスフォーメーション（変革・変容）を急ぐあまり、何かが失われてしまいました。

UXの見方として失われてしまったのは、ソフトウェア配信ルートの一工程より深く重要なもの、問題に対する広い文脈理解から製品デザインを行い、個々のコンポーネントの要件を超えるアプローチでした。そして、UXが根本的な価値を発揮するための、より包括的かつ探索的な実践の多くも失われてしまいました。

最近話をした、経験豊富なUX実務家のほとんどに、復活させたい（あるいはかつての栄光を取り戻してほしい）お気に入りの手法や実践があります。例えば、リサーチにもとづいたペルソナの開発、コンセプトモデル、コ・クリエーション（共創）、タスクフローなど。これらの手法がUXプロセスから省かれたのは、不必要だったからではありません。単に、すべての活動に明確な説明責任が求められ、2週間単位で収まりそうにない基礎的な仕事を許容しない開発プロセスに適さなかったためです。

アジャイル開発はUXを犠牲にして成功したわけですが、これは「企業はスケールしたがる」という深い真実の表出に過ぎません。そして、基礎的なUXの仕事はスケールしません。予測・反復が可能なプロセスや、一般的な量産型の役割分担にも適していません。なぜなら、UXの仕事は有機的に進化するビジネスの最先端を特徴づける、未知で曖昧な、定義しにくい問題を扱うからです。

規則的なスプリントの速さ、明確に示された成果目標、複雑に展開するユーザーエクスペリエンスの具体的なコーディング要件への落とし込み。こうしたアジャイル開発の要素は、エンジニアリングのような仕事をスケールさせるには最適である一方、基礎的なUXの仕事にはまったく適していません。基礎的なUXの仕事に必要な全体論は、アジャイル開発が必要とするユーザー行動の組み立てラインとは相反するものです。

生産レベルのUXに焦点を当てることで、組織は「UX」というチェックボックスにチェックを入れることができます。訊かれたこともないような質問、例えば、シニアリーダーが答えを知らない、あるいは知りたくないような質問をする担当者を雇うといった厄介事も避けられます。工場では、互換性があり、交換可能な部品が好まれるのです。

基礎的なUXは、人が本当にUXに関心を持つきっかけとなるもので、人間の洞察や共同作業による探求、創造的な実験などを行います。UX業界に入ったばかりの人たちにとって、夢と現実のギャップは酷いおとり商法のように感じられるかもしれません。学校では「UXは高貴で創造的な追求」だと教わったのに、就職してみると、製品を出荷するという名目で、高貴さや創造性を発揮する機会はすべて削られ一掃されてしまった職務に就くことになるのですから。

このような現状を招いたのは、UXの実務家である私たち自身であると言ってもいいでしょう。基礎的なUXの価値について説得力のある説明ができず、資金を得るための信頼を築くことができませんでした。結果、UXの基礎を実践する場を作り出すのに時間がかかってしまったのです。UXが単なる生産レベル以上の価値を提供するという約束を果たせなかったとしたら、そもそもその約束が間違っていたのかもしれません。つまり、もし（最後まで聞いてほしいのですが）、もし私たちがすべて間違っていたとしたら？

あるいは、UXの現在の不調は、単に第一世代の実務家たちがキャリア半ばにして燃え尽き症候群に陥ってしまった結果かもしれません。彼らは、草の根的な革命が、どれほど時間がかかり厄介なものであるかを過小評価していたのかもしれません。この分野での経験が長ければ長いほど、不満は高まるようです。UXの経験が豊富であればあるほど、資本主義下でユーザー中心の価値観を実現することが可能かどうか、疑問を持つ傾向があります。これは間違いなく問う価値のある疑問であり、コミュニティとして向き合う価値のある議論です。

興味深いのは、誰一人として「UXが苦戦しているのは、儲かる問題がすべて解決されたから」とは言っていないことです。（UXの手法をよりシン

プルにわかりやすくしなければならないという企業側からの継続的なプレッシャーは言うまでもありませんが）一般にどの分野においても、発展にともなって標準やベストプラクティス、社会通念が確立されていくものの、人間の持つ厄介な複雑性は、その端々で私たちに挑戦し続けています。UX劇場以上のものを求めている組織は、今もそこで新たな機会を生み出しているのです。

　この分野の新参者からすれば、業界の長老たちが方向性をめぐって議論する姿に、間違いなく当惑するでしょう。まるでパイロットが「やっぱりアルバカーキ［訳注：米国ニューメキシコ州の都市］は、この便のベストな到着地じゃないかもしれません」と機内アナウンスするようなものです。しかし、内部から価値観や意図を問う声が上がってくるのは、この分野が健全である証とも言えます。そうした内省が見られなくなることこそ、この分野の価値の低下が始まった証だからです。

　実際、UXは今やひとつのコミュニティ、あるいはひとつの手法や実践として捉えることができないほど大きな存在となっています。かつては、UXチームの存在そのものが組織にとって何かしらの意味を持っていました。しかし、今では意味を持つ場合もあれば、まったく意味を持たない場合もあります。UXが意味するところは、良くも悪くも、組織が決めているのです。心を取り戻そうと善戦している人たちにとって、UXをどのように意味づけていくのかが挑戦の核心になります。

Jesse James Garrett

2021 年

● 「かつてない成功を収めるUXデザイン、リーダーたちが失望しつつあるわけ
　—私たちはどこで間違えたのか？」（初出2021年）への著者による解説

　これは米国のビジネス誌『Fast Company』に英語で初掲載された記事で、2020年から2021年にかけてUXリーダーとの対話の中で見えてきた主要なトレンドをいくつかまとめたものです。その中で私が特に探りたかったのは、UXが専門分野として発展してきたこの20年間に、過去のUXリーダーに見られた楽観主義と自信が失われているように感じられるのはなぜか、ということでした。

　経過をたどっていくうちに、UXという分野、その歴史、そしてその意図について、この記事では答えられないような不穏な疑問を抱くようになりました。その出版後、世界中の多くの人から「この記事は自分にとってある種の真実を捉えている」という感想が寄せられました。その一方で、私の分析は、この分野をここまで発展させた人種、特権、権力の力関係についての考察が抜けており、不十分だと言う人もいました。

　この本で全体像を描き出そうとしたわけではありませんが、より深い対話の出発点になればと願っていたのはたしかです。そして実際に多くの国で、この本がきっかけで対話が弾むのを見てきたことから、今後も引き続き活発な議論が交わされることを願っています。

Jesse James Garrett
2022年4月

AFTERWORD by Author
日本語版へのあとがき

　本にもそれぞれ一生があり、著者のあずかり知らぬところで、思いがけなくその本を手に取った人々を、思いがけない冒険へと導くことになります。運が良ければ、私たち著者もその流れに巻き込まれることがあります。

　私の場合は『The Elements of User Experience』の出版をきっかけに、世界中を旅し、遠く離れた何千人ものデザイナーの仲間に出会うことができました。本書はこの20年間に数え切れないほどの国や言語で出版されてきましたが、その最初が日本でした。

　日本の読者が、英語圏以外で最初に本書を歓迎してくれたのです。そうした思いもあり、本書がひさしぶりに日本で復刊される運びとなったことを、とてもうれしく思っています。

　本書が米国で出版されたとき、ある有名な技術書の著者から「見通しは暗い」と言われました。彼らの経験からして、本書のような書籍は9カ月もすれば店頭から消え、18カ月後には絶版になるだろうと。それは個人の問題でも、私の本に限ったことでもなく、この市場の宿命だから仕方ない、というのが、わずかながらの慰めの言葉でした。

　それから20年後、『The Elements of User Experience』は彼らの予想を裏切り、そうした宿命から逃れることができました。年を追うごとに新たなデザイナーたちが本書を手に取り、その中のアイデアと自分たちとのつながりを見出しています。

　初期の読者は私の同業者たちでした。当時この分野は誕生したばかりで、私もそうでしたが、さまざまな言葉や表現を使い、さまざまな情報源から独自に知識を得てつなぎ合わせながら、問題を解決し、手法を適用し、課題に取り組み、仕事の性質そのものを明らかにしようとしていました。「ユーザーエクスペリエンス（UX：User Experience）」という言葉は、すでに10年以上前から（主に研究開発に携わる産学部門で）使われていましたが、「ユーザーエクスペリエンス」の専門家というのはまだ不在でした。実際、書名に「ユーザーエクスペリエンス」を含む本が出

版されたのは、あなたが手にしている本書が初めてでした。

　初期の UX のパイオニアたちは、次世代のリーダーや指導者となり、今では正式に UX の役割を担うようになっていますが、おそらく所属組織では単独で UX を担当していたのだと思います。本書は、彼らが自分自身の強み、能力、関心を定義するのに役立つ出発点となりました。また、彼ら自らのキャリア開発の指針にもなりました。

　やがて UX の業務はより多くの組織で存在感を増していき、個々の UX の貢献者は UX チーム全体の一員となり、同僚や協力者が専門分野を超えて集まるようになりました。UX 人材の需要が高まるにつれ、教育プログラム、認定証、ブートキャンプが誕生し、本書はその多くで主要な必修テキストとして使用されました。

　本書が年代、背景、言語、文化の違いを超えてさまざまな人々とつながってきた経緯を振り返ってみると、いずれの場合にも共通する、本書の揺るぎない成功の秘訣と思われるものに気づきます。それは翻訳の力です。

　私たちデザイナーの仕事は、多岐に渡る情報源と洞察を統合し、そこに自身の創造性を少し足して予想外の要素を加えることで、まとまりと意味があり、ユーザが時に複雑な領域を楽に進めるようなエクスペリエンスを作ることです。当然ながら、初期の UX プロフェッショナルらは、自分たちのために独自の教育アジェンダをまとめていました。

　また、その過程では、発見したことを解釈し、その相対的な重要性を吟味し、何が本当に重要なのか、という視点を確立していくことも必要です。知識を伝え、人に教えるとき、私たちは必ずその知識を構成し、意味を与えるための概念や原則を伝えます。そうしたプロセスは最終的にコミュニケーションに行き着きます。

　もちろん、デザインの仕事は歴史的にあらゆる形のコミュニケーションと密接に結びついています。しかし、近年、デザインの仕事は、かつてないほど大規模なチームの調整、多岐に渡る役割、複雑なプロセスをともなうようになり、デザインにおけるコミュニケーションはこれまで以上に重要なものになっています。エクスペリエンスの実現にかかわるすべての役割の中で、デザイナーは私たちのあらゆる違いをまとめ、解釈し、伝えることのできる存在として、最も重要な役割を担うことがよくあります。

つまり、デザイナーは翻訳者でなければなりません。翻訳者であればこそ、異なる視点間の橋渡しをし、他者の知識や自分の知識のギャップを埋め、人と人との関係を構築することで、優れたデザインを実現し、それを世に送り出すことができるのです。

　本書を読み終えた今、あなたもその力を共有することができます。ここに紹介したアイデアやモデルを理解することで、やはり本書を読んだ世界中の何千人ものデザイナーと、それぞれの言語でかかわり、お互いのアイデアや視点を翻訳し合うサイクルを続けていくことができるはずです。

　なぜなら、翻訳の力とは、まさに「つながり」の力だからです。翻訳によって、それまで何もなかったところに共通の理解をもたらす可能性があります。そうやって理解を共有することは、私たちに共通するもの、つまり共通の価値観、共通の希望、そして共通の人間性を見出す出発点になるでしょう。クリエイティブ・プロフェッショナルとして、私たちはとても大きな世界の中のとても小さな島にいるように感じることがよくあります。しかしその世界は、私たちのつながりが広がるにつれて小さくなっていくのです。

Jesse James Garrett
2022 年 4 月

AFTERWORD
監訳者あとがき

　本書『The Elements of User Experience―5段階モデルで考えるUXデザイン』は、Jesse James Garrett, The Elements of User Experience: User-Centered Design for the Web and Beyond , 2nd Edition（New Riders, 2010）の全訳です。その原書の第2版の出版からも12年がたった現在、同書を訳出するに際して、著者との間で入念な打合せを繰り返しました。その結果、同書の出版以降の著者の考えを紹介する上で、とても重要なウェブサイト上の原稿3本（「IAの再考（第1版日本語版にも収録）」、「セブンシスターズ」、「かつてない成功を収めるUXデザイン、リーダーたちが失望しつつあるわけ – 私たちはどこで間違えたのか？」）を収録しています。その上で、著者自身による本書オリジナルの「あとがき」に加え、先の3本の記事への著者による解説も収録した、いわば「Jesse Jemes Garrettのすべてを知るための集大成の書」として、世界初に誕生した存在なのです。

　そもそものオリジナルにおいて、第1版から第2版にかけて変更が加わった点がいくつかあります。中でも一番大きいのは、原書のサブタイトルが「for the Web」から「for the Web and Beyond」へと変更になった点です。この変更は、本書と同じく業界におけるバイブルとして有名な「Information Architecture for the Web and Beyond, 4th Edition, by Louis Rosenfeld & Peter Morville & Jorge Arango, O' reilly Media, Inc.」（『情報アーキテクチャ 第4版―見つけやすく理解しやすい情報設計』篠原稔和・監訳 , オライリー・ジャパン , 2016）においても、その最新版への移行にともなって行われた変更であることを、ちょうどその第4版の出版時に日本に招聘したPeter Morville氏より「Jesseの書籍と同じ変更を加えたのだよ。それほどまでに、ウェブでの事象は今や、あらゆる環境に影響力を及ぼしているからね。」といった話を確認して、大いに納得していました。このことは、著者自らが第2版のまえがきで「第1版との主な違いは、ウェブサイトのみを扱う本ではなくなったこと。たしかにほとんどの例はウェブに関するものだが、全体としては、テーマ、コンセプト、原則はあらゆる製品やサービスに適用される」としている通りです。 その第1版の翻訳が出た年（2005年）に、著者を日本に招聘して本書の紹介を含めた講演をしていただいたのですが、日本の聴衆にはすぐには受

け容れられなかったことが、今となっては嘘のような思い出になっています。

　さて、本書の初版から親しんでおられる読者におかれては、本書を通じて、その
ウェブからの変遷を細かな変更点などから確認していただきつつ、ぜひとも著者の
日本語版にかけた想いを存分に味わってもらいたいと思います。それは、3本の原
稿とその内容への独自解説や独自のあとがきなどから、著者の考えとその変遷、そ
の現在が手にとるように理解いただけるに違いありません。

　また、本書を初めて手にとられた読者の方々も数多くおられることでしょう。そ
ういった方々のために、本書によって「ユーザーエクスペリエンス」に入門した後
に読むべき書籍を世界のスタンダード書籍から3冊、日本の著者による書籍から3
冊、ここにご紹介いたします。それぞれ最初の一冊目は「ユーザーエクスペリエン
ス」の基本にある「ユーザビリティ」にかかわる入門書として、二冊目はソフトウェ
ア領域との横断をしていく上での入門書として、三冊目は更に応用力をつけていく
ための書籍としてピックアップしています。

● 世界のスタンダード書籍からの次のステップ

『超明快 Webユーザビリティ―ユーザーに「考えさせない」デザインの法則』
Steve Krug著, 福田 篤人訳, ビー・エヌ・エヌ, 2016
(Don't Make Me Think, Revisited: A Common Sense Approach to Web
Usability（Voices That Matter）, New Riders, 2nd, 2013)
『情報アーキテクチャ 第4版』 Louis Rosenfeld & Peter Morville & Jorge Arango
著, 篠原 稔和監訳, オライリー・ジャパン, 2016
(Information Architecture: For the Web and Beyond, O'Reilly Media 4th, 2015)
『インタフェースデザインの心理学 第2版』 Susan Weinschenk著, 武者 広幸他訳,
オライリージャパン, 2021
(100 Things Every Designer Needs to Know About People（Voices That
Matter）, New Riders 2nd, 2020)

● 日本の著者による書籍からの次のステップ

『ユーザビリティエンジニアリング（第2版）―ユーザエクスペリエンスのための
調査、設計、評価手法』 樽本 徹也著, オーム社, 2014
『オブジェクト指向UIデザイン―使いやすいソフトウェアの原理』上野 学監修,
技術評論社, 2020
『デザインリサーチの教科書』木浦 幹雄著, ビー・エヌ・エヌ新社 , 2020

最後に、この「監訳者あとがき」に掲載すべき内容に関しても、著者の Jesse との間で入念な相談を続けてきました。その結果、第1版の「訳者あとがき」でも試みた「著者へのインタビュー」を再度行わせてもらうことになり、敢えて第1版時のインタビューも再録してほしいといった著者の要望もふまえて、2回にわたるインタビュー内容を掲載することにいたします。

● 第1版時インタビュー（2004年）
—— この書籍を書くに至ったきっかけは何だったのでしょうか？
Jesse： まずは、自分自身がウェブにかかわるさまざまな事象を理解することを目的に執筆しました。自分自身が理解できるようにする、がすべての始まりだったのです。そして、自分と同じような仕事をしている人たちに対して、こういったコンセプトを伝える「手段」として本書を活用したい、と考えました。

　また、短くて簡単に誰でもが読めて、こういった分野にあまり詳しい情報や知識を持っていない方々にとっても、わかりやすくしたかったのです。そのため、どこまでの情報をいれて、どの情報を削ぎ落とすかに、充分な時間を費やさねばなりませんでした。

—— 書籍の中に含まれているコンセプトに対して、米国の読者たちはどのような反応を示したのでしょうか？
Jesse： 私の場合、同じような仕事をしている人たちへの説明ということが動機だったわけですが、読者たちの一部では、まったく違う分野の人たちに対してこの書籍を使って説明を始める、という行動を起こしだしていました。

　また、大学の授業の教材として積極的に活用されるようにもなりました。ウェブを学ぶ上で知っておくべき、さまざまな項目が幅広くカバーされている書籍が本書くらいしかない、ということで、授業プログラムなどの全体のロードマップを示すために、授業の導入書として使われることが多いようです。この導入の後に、より細かな専門的な参考図書が加わることで、コースが成り立ってきた、というふうに聞いています。

　本書では、「情報デザイン」という用語と「情報アーキテクチャ」という用語が使われています。日本でも、「情報デザイン」と「情報アーキテクチャ」の違いは何か、という疑問や質問が出ることが多いのですが、この点についてはどのような反応がありましたか？
Jesse: 実は最初に、私自身がこの両者の違いをクリアにすることこそが、本書を書

こうと思い至った動機のひとつでもあったのです。米国の読者やクライアントの中からは、この書籍が両者の区別をはっきりさせてくれた、といった好意的な反応や、両者を共通の言語や文脈で話せるようになった、という評価などをいただいています。

―― 本書の根幹をなすダイアグラムの中で、ウェブをソフトウェアインターフェースの側面とハイパーテキストシステムの側面とで捉えている点 [注：本書では「ウェブを機能性プラットフォームとしての側面と情報メディアとしての側面」との表現になっています] が、とてもユニークな見解であると同時に、非常に明快な視点を提示してくれるようにも感じています。このような捉え方については、何か特別なお考えがあったのでしょうか？

Jesse: もともと、コミュニケーションを専門とする分野にバックグラウンドがあったことと、ウェブによる出版に以前より携わっていたことから、ウェブをひとつのメディアとして自然に捉えていたことがその要因にありました。そうしたところ、いろいろな人たちと接するうちに、ウェブをテクノロジーとして捉える人たちが存在していることに気づき始めたのです。この両者は、それぞれ対象を捉える心構えが違うので、両者の間でコミュニケーションをとることが難しく、大変苦労しました。つまり、ダイアグラムに二重性を持たせるコンセプトを導入したのは、テクノロジー側とデザイン側の両者をいずれもが正しいと認めるための手段だったのです。

―― タイトルにある「ユーザーエクスペリエンス」という言葉が、一種の流行語となっているようですが、実際のところ、米国ではどのような受け止められ方をしていますか？

Jesse: やはり米国でも流行語のひとつになっています。中には、すべてを「デザイン」として一括りにしてしまっている人たちも、もちろんいます。ただし、単なる流行を超えて、ユーザーエクスペリエンスに配慮したり、これらのアプローチを採用したりすることは、ユーザーにとってわかりやすくて使いやすいウェブができるという効用があるだけではなく、これらのアプローチを採用するグループそのものが、チームとして大きく成長する、というメリットがあるのです。ユーザーのことを学び、幅広い知識を実践に即して応用できるチームに発展していく、ということなのです。

―― あなたが、最近一番関心を持っていることは何ですか？

Jesse： 2つあります。ひとつは、ユーザーの行動をどのようにして分析するか、といったことに関する手法について興味を持っています。現在では、ユーザビリティ

テストが代表的な手法となっていますが、実際のユーザーがどのようにして使っているのかを教えてくれるような商品やサービス、使っているすべてのユーザーがそのまま被験者になってしまうような商品やサービスを作ることができうるのではないか、と考えています。

もうひとつは、パースエイシブ（説得的）なユーザーエクスペリエンスをどうやって作るか、に関心があります。デジタルメディアをうまく工夫してユーザーエクスペリエンスを作ることによって、ある考え方を持っている人と同じような考え方をしてもらうように自然と説得できるような（パースエイシブな）工夫ができるのではないか、と。どういうストーリーでユーザーに伝えるか、ということを変えてみるだけで、ユーザーの体験そのものがずいぶんと変わってくるのではないか、と感じています。

—— これからのテーマについて教えてください。

Jesse：さまざまなアイデアをもっています。中でも一番興味があるのは、ウェブを通して得たアイデアやコンセプトを、ウェブ以外の分野でも適用していけるかどうか、ということです。ユーザーのエクスペリエンスの中で、ウェブというのは、ほんの一部でしかない場合が大半です。つまり、ユーザーエクスペリエンスをよくしたい、という会話の中でウェブというのはごく一部の問題なのです。そのことから、ユーザーにとってのエクスペリエンス全体をどうやって向上させていくか、ということが次の大きなテーマである、と考えています。

（インタビュー日時：2004年10月29日、サンフランシスコのAdaptive Pathオフィスにて）

● 第2版インタビュー（2022年）

—— 日本では、当初この書籍はウェブサイトに従事するデザイナーに受け入れられ、その後はウェブのエンジニアたちに受け入れられるようになりました。そして、極めて特徴的なのは、IT技術者たちがウェブを理解するための入門書や教科書として位置付けたことです。こういった現象について、どのような感想を持たれますか？

Jesse：この本がデザイン以外の分野でも（製品開発などの分野でも）参考となった、といった声が世界各地から届いています。デザイナーと仕事をする人たち（自身はデザイナーではない人たち）にとってのこの本の魅力は、デザインの課題を分解する方法が示されているところ、そしてそれが、技術選択がデザインにもたらす影響（逆方向の影響も）についてデザイナーと対話する際に助けとなるところにあると思います。

—— 今回の復刻版の出版に際して、あらためて「UX にかかわる実務的な教科書」として位置付けられるのではないか、と予想しています。そういったことに、著者である Jesse はどのように感じておられますか？ また、この書籍で入門した読者たちが、次に読むべき本や向かうべきところはどこだと思われますか？

Jesse：この本は入り口としてちょうどよい本だと思います。広範囲を網羅しているにもかかわらず、短くまとまっていますから。次のステップとしては、この本の中でもっとも興味をもった章を選んで、出てきたキーワードのいくつかをウェブで検索することをおすすめしています。今は UX を学ぶためのリソースがたくさんあるので、すべてを把握することはできません！ この本のような参考書に加え、無料のオンラインリソースも豊富にあります。

——日本では、UX と同様に「デザイン思考（Design Thinking）」や「サービスデザイン（Service Design）」、「HCD（Human Centered Design: 人間中心デザイン／人間中心設計）」という考え方が普及してきています。特に、私は UX を含むこれらの内容に従事する方々を専門家として認定する団体（人間中心設計推進機構：Human Centered Design Organization）の理事長を務めています。そして、2009 年から現在までに 1300 名を超える専門家たちを認定してきています。Jesse にとっての「デザイン思考」や「サービスデザイン」、「HCD」といったテーマに対する見解を教えてください。

Jesse：こういった概念がより多くの方に認知されるようになってきたことはとても喜ばしいことだと思います。それぞれ別のメソッドを表していますが、その背後にひとつ共通する哲学があります。組織が決定を行うその方法を、より人間味のある、より人間的なものにする、ということです。このようなテクニックの多くはノンデザイナーたちがデザインプロセスにかかわりやすくするために作られました。そのかかわりが、私たちの仕事をよりよい、豊かなものにするのです。しかし同時に、私たちの仕事はここで終わるのではない、ということをノンデザイナーたちに教えなくてはなりません！

—— 2004 年にお会いした時に経営に携わっておられた Adaptive Path 社のことは、日本でもその存在や動向が当時、大変に話題になっていました。特に、金融の企業（Capital One）が買収したニュースは衝撃を持って伝えられ、UX がいよいよビジネスにおいて必須なものとなった現象のひとつとして語られることが多かったです。そこで、Adaptive Path 社でのことをお聞きします。あなたは、会社の変遷をどのように振り返っておられますか？ そして、Chief Creative Officer

としての役割はどんなものでしたか？

Jesse：Adaptive Path が成長するにつれ、私たちはコンサルや教育業務を通して、規模にかかわらず世界中のさまざまな企業に影響を与えることができました。しかし、その影響力は私たちが願っていたほど深いところには届きませんでした。そのような中、Capital One は、私たちが望んでいた「深く影響を及ぼす機会」を与えてくれました。それは、デザインプロジェクトを行うだけではなく、デザイン文化を形成する機会です。私が Chief Design Officer として最も重視していたのは、Adaptive Path におけるクリエイティブな文化と環境でした。Capital One では、それまで 50 人規模の企業で形成してきた文化を 500 人規模の、アメリカで最大級の銀行のデザインチームにスケールすべく、さまざまな戦略を主導しました。

—— Capital One での「Sr. Director」としての役割はどんなものだったのですか？

Jesse：Capital One でデザインリーダーたちのアドバイザー役を担っていたとき、私は「チームのレジリエンス（困難な状況に対して、しなやかに適応して生き延びる力）」について興味を持つようになりました。挫折したときや急激な環境変化に直面したときでも団結して力強く前進し続けるチームには何があるのか？　こういった状況に耐えることのできる、レジリエンスのあるチームは、元をたどると、チームのリーダー個人にその資質が備わっていることに気づいたのです。また、そのようなリーダーはチーム内の人間関係を健全に保つスキルを持ち合わせていたのです。このテーマに効果的に取り組むために、私はフルタイムで Capital One Design のインハウス・リーダーシップコーチの役目を果たすことにしました。

—— 現在の「リーダーシップコーチ（Leadership Coach）」とは、どのようなことをなさっているのですか？

Jesse：最終的には、自身がコーチとして成長するためには、幅広くさまざまなクライアントと接する環境が必須と感じ，Capital One を離れて「リーダーシップコーチ」として独立しました。現在は世界中のリーダーたちに、チームのために実りあるクリエイティブな環境を確保しつつビジネスやエンジニアリングリーダーたちと良好なパートナーシップを築くためのスキル構築を提供しています。

—— 最後に。敢えて 2004 年当時のインタビューと同じ質問をさせてください！あなたが最近で一番関心を持っていることは何ですか？

Jesse：2022 年現在は、リーダーとなるための教育や訓練、準備等をまったく受け

ていないデザインリーダーたちとかかわっています。リーダーに就任するにあたって、リーダーシップ能力が問われることさえなかった方もいます。デザイナーとしては出くわすことはなかった壁にこれからリーダーとして直面するということにまだ気づいていない方もいます。このような方々にこそ、デザイン文化やデザインプロセスの未来が託されているのです。

—— これからのテーマは何ですか？ そして、これからのご自身はどのような役割を担っていかれようとしているのですか？
Jesse：最高のデザインワークたるものは、他でもない、「最高レベルの信頼関係を築いている」チームから生まれてくることに私は気付かされました。チーム内に信頼を育むスキルをリーダーが身につけているなら、そのチームはどのようなチャレンジにも耐えられます。リーダーとしてのレジリエンスや能力を備えていく支援をすることが、私にできる最も永続的な貢献だと思っています。

（インタビュー日時：2022年3月上旬から下旬にかけて、メールおよびオンライン会議にて）

　最後に、本書の翻訳出版にあたっては多くの方々にご協力をいただきました。まず、私たちの素朴な疑問やインタビューに丁寧に応じてくださったことに加え、10年以上の歳月を経た中で本書を再度、翻訳出版することの意義を理解し、その後のウェブ原稿の掲載を提案・許可くださったり、数多くの本書オリジナルの執筆をしてくださったりした、著者のJesseに深く感謝いたします。また、本書の復刻と新たな価値を世の中に問うための出版に尽力くださったマイナビ出版の角竹 輝紀さんに深く御礼申し上げます。そして、全編にわたって尽力くださったソシオメディア株式会社のスタッフや関係者の皆さん、とりわけ、蒲田 有香里さん、嵯峨 園子さん、もう一人の監訳者である上野 学さんに心から感謝いたします。

　そして、第1版に続いて再度、本書を手にとってくださった読者の皆さん、初めて本書にふれる読者の皆さんに心から御礼を申し上げるとともに、本書を活用して更なる「ユーザーエクスペリエンス」を高めるための活動に活かしていかれることを強く願っています。

2022年4月
ソシオメディア株式会社
篠原 稔和

INDEX
索引

202